花的大千世界

宋圣天 ◎ 编著

图书在版编目(CIP)数据

花的大千世界(上)/宋圣天编著. —北京：现代出版社，2014.1

ISBN 978-7-5143-2172-2

Ⅰ.①花… Ⅱ.①宋… Ⅲ.①花卉-青年读物 ②花卉-少年读物 Ⅳ.①S68-49

中国版本图书馆CIP数据核字(2014)第008644号

作　　者	宋圣天
责任编辑	王敬一
出版发行	现代出版社
通讯地址	北京市安定门外安华里504号
邮政编码	100011
电　　话	010-64267325 64245264(传真)
网　　址	www.1980xd.com
电子邮箱	xiandai@cnpitc.com.cn
印　　刷	唐山富达印务有限公司
开　　本	710mm×1000mm 1/16
印　　张	16
版　　次	2014年1月第1版 2023年5月第3次印刷
书　　号	ISBN 978-7-5143-2172-2
定　　价	76.00元(上下册)

版权所有,翻印必究;未经许可,不得转载

目 录

上 篇 走近世界各国国花(上)

1. 阿尔及利亚国花—夹竹桃 1
2. 阿富汗国花—郁金香 5
3. 澳大利亚国花—金合欢 9
4. 巴基斯坦国花—素馨 15
5. 比利时国花—虞美人 19
6. 波兰国花—三色堇 23
7. 朝鲜国花—杜鹃 27
8. 丹麦国花—木春菊 32
9. 德国、马其顿国花—矢车菊 37
10. 俄罗斯国花——向日葵 42
11. 厄瓜多尔国花—白兰花 47
12. 法国国花—鸢尾 52
13. 芬兰国花—铃兰 62
14. 古巴国花—姜花 68
15. 韩国国花—木槿 73
16. 老挝国花—鸡蛋花 78

17. 利比亚国花—石榴 ………………………………………… 82

18. 罗马尼亚国花—狗蔷薇 ……………………………………… 88

19. 马来西亚国花—扶桑 ………………………………………… 94

20. 缅甸国花—龙船花 …………………………………………… 99

21. 摩纳哥国花—石竹 …………………………………………… 102

22. 墨西哥国花—大丽花 ………………………………………… 107

23. 尼加拉瓜国花—百合（姜黄色）…………………………… 113

24. 挪威国花—欧石楠 …………………………………………… 118

上　篇　走近世界各国国花（上）

1. 阿尔及利亚国花——夹竹桃

一、简介

原产印度、伊朗和阿富汗，在我国栽培历史悠久，遍及南北城乡各地，是一种矮小的灌木，主干、枝条上有许多分枝，最小的小枝呈绿色。因为叶片像竹，花朵如桃，所以名为夹竹桃。它对粉尘烟尘有较强的吸附力，因而被誉为"绿色吸尘器"。但是夹竹桃的叶皮根花均有毒，人若误食，会中毒。夹竹桃全株具有剧毒，中毒后的症状有恶心、呕吐、昏睡、心律不整等等，严重的连失去知觉或死亡都有可能，所以面对夹竹桃，只要远观欣赏就好，可别动手采摘和食用哦！

二、夹竹桃花语

桃色夹竹桃：守候，同窗情；
黄色夹竹桃：深刻的友情、重情。

三、夹竹桃箴言

不重恩情的人不配做朋友。

四、神奇药用

本品属于强心类中药。味苦、性寒、有毒，归心经。主要功能为强心利尿、祛痰定喘、镇痛、祛瘀。近代临床运用该药治疗心力衰竭、喘息咳嗽、癫痫、跌打损伤、经闭、斑秃。本品有毒，应按医师指导用药。

五、古韵

（一）咏夹竹桃

汤清伯
芳姿劲节本来同，绿荫红妆一样浓。
我若化龙君作浪，信知何处不相逢。

上 篇
走近世界各国国花（上）

（二）咏夹竹桃

蕊似夭桃叶似筠，夏风过处最天真。
艳枝簇拥一篱秀，青影宽怀四季春。
开出从容随雨打，谢时执着与秋亲。
纵然玉体寒中老，绮梦相随入雪尘。

（三）夹竹桃

独爱门前夹竹桃，花如魅影叶如刀；
春花谢过娇依旧，夏雨倾来媚自豪；
痴嘱君心唯属我，恨飞情意也归曹；
明知笑里三分毒，甘困网罗不肯逃。

六、气质美文

夹竹桃

季羡林

　　夹竹桃不是名贵的花，也不是最美丽的花，但是对我说来，它却是最值得留恋最值得回忆的花。

　　我们家的大门内也有两盆夹竹桃，一盆红色的，一盆白色的。红色的花朵让我想到火，白色的花朵让我想到雪。火与雪是不兼容的，但是这两盆花却融洽地开在一起，宛如火上有雪，或雪上有火。我的心里觉得这景象十分奇妙，十分有趣。

　　我们家里一向是喜欢花的，虽然没有什么非常名贵的花，但是常见的花却是应有尽有。每年春天，迎春花首先开出黄色的小花，报告春的消息。以后接着来的是桃花、杏花、海棠、榆叶梅、丁香等等，院子里开得花团锦簇。到了夏天，更是满院生辉。凤仙花、石竹花、鸡冠花、五色梅、江西腊等等，五彩缤纷，美不胜收。夜来香的香气熏透了整个的夏夜的庭院，是我什么时候也不会忘记的。一到秋天，玉簪花带来凄清的寒意，菊花则在秋风中怒放。一年三季，花开花落，万紫千红。

然而，在一墙之隔的大门内，夹竹桃却在那里悄悄地一声不响，一朵花败了，又开出一朵，一嘟噜花黄了，又长出一嘟噜。在和煦的春风里，在盛夏的暴雨里，在深秋的清冷里，看不出有什么特别茂盛的时候，也看不出有什么特别衰败的时候，无日不迎风吐艳。从春天一直到秋天，从迎春花一直到玉簪花和菊花，无不奉陪。这一点韧性，同院子里那些花比起来，不是显得非常可贵吗？

但是夹竹桃的妙处还不止于此。我特别喜欢月光下的夹竹桃。你站在它下面，花朵是一团模糊；但是香气却毫不含糊，浓浓烈烈地从花枝上袭了下来。它把影子投到墙上，叶影参差，花影迷离，可以引起我许多幻想。我幻想它是地图，它居然就是地图了。这一堆影子是亚洲，那一堆影子是非洲，中间空白的地方是大海。碰巧有几只小虫子爬过，这就是远渡重洋的海轮。我幻想它是水中的荇藻，我眼前就真的展现出一个小池塘。夜蛾飞过，映在墙上的影子就是游鱼。我幻想它是一幅墨竹，我就真看到一幅画。微风乍起，叶影吹动，这一幅画竟变成活画了。

这样的韧性，又能这样引起我许多的幻想，我爱上了夹竹桃。

2. 阿富汗国花——郁金香

一、简介

郁金香的本意是一种花卉,在植物分类学上,是一类属于百合科郁金香属的具球茎草本植物,是荷兰的国花。

二、郁金香花语

爱、慈善、名誉、美丽、祝福、永恒、爱的表白、永恒的祝福、象征神圣、幸福与胜利。

黄色郁金香:高雅、珍贵、财富、爱惜、友谊

粉色郁金香:美人、热爱、爱惜、友谊、幸福

红色郁金香:爱的告白、爱的宣言、喜悦、热爱

紫色郁金香:高贵的爱、无尽的爱

黑色郁金香:神秘、高贵、代表骑士精神(或忧郁的爱情)

高原郁金香:自豪、挺立、创造的美、美的创造

双色郁金香:美丽的你、欢喜相逢

羽毛郁金香:情意绵绵

野生郁金香:贞操

三、古韵

（一）客中作

李白

兰陵美酒郁金香，
玉碗盛来琥珀光。
但使主人能醉客，
不知何处是他乡。

（二）己亥杂诗

唐·龚自珍

秋心如海复如潮，惟有秋魂不可招。
漠漠郁金香在臂，亭亭古玉佩当腰。
气寒西北何人剑，声满东南几处箫。
一川星斗烂无数，长天一月坠林梢。

（三）偶呈郑先辈

杜牧

不语亭亭俨薄妆，画裙双凤郁金香。
西京才子旁看取，何似乔家那窈娘？

（四）忆王孙·暗怜双绁郁金香

暗怜双绁郁金香，
欲梦天涯思转长。

几夜东风昨夜霜，

减容光，莫为繁花又断肠。

四、美好传说

在欧美的小说、诗歌中，郁金香也被视为胜利和美好的象征，也可代表优美和雅致。

有这样一个故事：

古时候有位美丽的少女住在雄伟的城堡里，同时受到三位英俊的骑士爱慕追求。

一位送她一顶皇冠；一位送把宝剑；一位送块金砖。但她对谁都不予钟情，少女非常发愁，不知道应该如何拒绝，只好向花神祷告。

花神深感爱情不能勉强，遂把皇冠变成鲜花，宝剑变成绿叶，黄金变成球根，这样相组合便成了郁金香了。

在每年的情人节为了表达爱意的年轻男女，除了玫瑰，郁金香也成了传达情意给情人的最佳选择。

这个故事更加深了荷兰人对郁金香的印象。甚至有宣传媒介还宣扬一句箴言："谁轻视郁金香，谁就是冒犯了上帝。"

终于，一场"郁金香热"席卷荷兰全国乃至欧洲。不少人认为"没有郁金香的富翁也不算真正的富有"。

由于皇冠代表无比尊贵的地位，而宝剑又是权力的象征，而拥有黄金就拥有财富，所以在古欧洲只有贵族名流才有资格种植郁金香。有的人竟然宁愿用一座酒坊或一幢房子去换取几粒珍稀的种子。

五、气质美文

紫色郁金香

世界上原本并没有紫色，有一天不知道是谁将红色和蓝色调和在了一起，于是玄妙的紫色出现了……

有人说，紫色有着红色的浪漫与奔放；也有人说紫色有着黑色的神秘与宁静。但是，当色彩如此完美地交织在一朵花上的时候，我们不得不惊叹于她的绝世之颜。

紫色郁金香，美得如此纯粹、优雅，如此动人心魄！

其实在很久以前，郁金香只有一种颜色——白色。因为在她们的家族里，白色才是最高贵纯洁的，所有的人都只封闭在自己的天地里，孤芳自赏。没有亲情，没有友情，更没有爱情。

但是，再绝对的事也会有例外。

有两朵小郁金香仙子，从小就是最好的朋友，她们互相许诺一定要出去瞧瞧外面的世界，去欣赏比白色更美的颜色。

终于有一天，一位王子经过了她们身边。当王子俯身抚摸着她们的花瓣时，她们霎时间惊呆了。

他深紫色的瞳孔散发着神秘的光芒，一袭浅紫色的长袍衬托出他与众不同的气质。最璀璨夺目的是他手上的那枚紫水晶戒指，虽然很小，却似有着玄妙的魔力。

原来，世界最美丽的颜色就是这种颜色——紫色。

那一刻，两人同时爱上了这个神话般的王子。

她们显然是幸运的，王子不顾随从的阻拦，亲手小心翼翼将她们从土中挖出，带回了皇宫。

从此,她们便生活在了一个充满紫色的王国里,祈祷着有一天自己的花瓣也能变成紫色。

是的,她们决心要褪去孤独的白色。而办法只有一个——让王子爱上自己。她为了达到目的,费尽心机;而她却选择默默地祝福,因为她知道,真正的爱情只是希望对方过得幸福。

最后,不择手段的她赢得了王子;而纯洁高尚的她付出了一切,却最终选择放弃。

树林里,她的剑从胸中刺入,鲜血喷涌而出。王子如梦初醒,抱着她失声痛哭。

那一刻,她笑了,笑得如此灿烂,如此动人……

她的鲜血淌在这片黑土上,在阳光下闪着淡淡的紫色的光,那微弱却动人心魄的紫色光芒!

从那以后,世界上便出现了一种奇特又气质高雅的花——紫色郁金香。老人们说,她代表着永不磨灭的爱情。

这个凄美的传说不知流传了多少年,但却没有人知道,当两朵郁金香被王子带走时,就已经被贴上了悲惨的咒语,那是对她们背叛家族的惩罚。

3. 澳大利亚国花——金合欢

一、简介

金合欢属含羞草科,约有 700 种,广布于全球的热带和亚热带地区,尤以大洋洲及非洲的种类最多,中国引入栽培的有 16 种,产

于西南和东南部,其中比较有经济价值的有金合欢和台湾相思,前者的根和荚可为黑色染料,花可制香水,后者为荒山造林树种,材料供制器具用,树皮含单宁,提取之可为渔网和布的染料。

本种多枝、多刺,可植作绿篱;木材坚硬,可为贵重器材;根及荚果含丹宁,可为黑色染料,入药能收敛、清热。

花很香,可提香精;茎流出的树脂可供美工用及药用,品质较阿拉伯胶优良。

二、金合欢的花语

稍纵即逝的快乐。

三、神奇药用

茎中流出的树脂含有树胶,可供药用;根可制药,具祛痰、消炎、清热的作用。

四、古韵

(一) 题合欢

李颀

开花复卷叶,艳眼又惊心。

蝶绕西枝露，风披东干阴。
黄衫漂细蕊，时拂女郎砧。

（二）行路难

梁吴均

青琐门外安石榴，连枝接叶夹御沟。
金墉城西合欢树，垂条照彩拂凤楼。

五、美好传说

  肯尼亚的热带稀树草原上，有一个闻名的生物共生组合，这就是蚂蚁与金合欢树。

  金合欢树的树枝上长满了空心刺，这些空心刺正好给寄居在金合欢树上的蚂蚁提供了居住的场所。寄住的小蚂蚁是举腹蚁属含羞草工蚁。含羞草工蚁可以在空心刺中作巢，并尽情享用金合欢树叶尖分泌出的甜汁。为了捍卫自己的利益，这种小蚂蚁是无法容忍其它动物触碰它们赖以生存的树木。若有外来者，不管对方是大块头还是小不点儿，它们都会不顾一切地发起攻击。如当它们发现天牛在金合欢树上钻孔的龌龊行径时，就会通过吞食天牛的幼虫的方法将它们完全消灭；而当大象或长颈鹿来啃食树叶时，小蚂蚁又会猛蜇它们，令其灼痛难耐。

六、气质美文

（一）静思

一切都是命运

就像是烟云
一切都是没有结局的开始
如同稍纵即逝的追寻
一切欢乐都没有微笑
等同苦难都没有泪痕
一切语言都是重复
貌似交往都是初逢
一切记忆都在心里
就跟往事都在梦中
一切希望都带着注释
恰似信仰都带着呻吟
一切爆发都有片刻的宁静
等同死亡都有冗长的回声

（二）金合欢之美

非洲的热带草原，茫茫无涯。草长莺飞，景色确实诱人。但满眼尽是野草，未免也显得有点单调。这时，悠游草原之上，我们见到一片片树木闪现。或三五棵，或十几棵，疏疏朗朗，有如某些绘画中的不经意之笔，给广袤的草原增添一点难得的亮色。

这种情况见多了，我就发现，这些树棵棵端庄优雅，株株仪态万方。这些树并不高，树冠却很大。细柔修长的枝条，托着两排对称的羽状叶片，密密匝匝，向水平方向伸展。整个树冠，五六十平方米，编织得巧夺天工，简直就像一把遮天蔽日的大绿伞。伞盖之上，点缀着一簇簇芳香的小黄花；伞盖之下，倒挂着一串串扁平的暗棕色荚果。清风吹拂，悠悠荡荡，展露出一种罕见的韵致，令人心明眼亮，神迷心醉。

上篇
走近世界各国国花（上）

这种树学名叫"阿卡西亚"，亦即金合欢。金合欢是合欢树中的一种。合欢树在我国南方多有栽种，俗称马缨花。我倒是欣赏"合欢"这个雅称。据说，树枝条上那两排工整、对称的嫩绿的叶片，日照之下舒展摇曳，尽享阳光带来的生机；日落之后就合拢静处，亭亭相对，如同一双双恋人相互依偎。这也许就是"合欢"之名的由来吧。

唐朝诗人李颀《题合欢》诗云："开花复卷叶，艳眼又惊心。蝶绕西枝露，风披东干阴。黄衫漂细蕊，时拂女郎砧。"短短六句，将合欢枝、叶、花之情状，述说得细腻准确，将树下风、蝶、人之动态，描绘得惟妙惟肖。合欢据说还有一种特殊用途。嵇康在《养生论》中有言："合欢蠲怒，萱草忘忧。"这就是说，合欢能使人消烦去怨。因此，我国古代人总爱折合欢树枝赠人，表示一种友好相交的情感。

一些有关诗文，可以考究合欢树在我国自古以来普遍栽种。

晋朝杨方的《合欢诗》曰："南邻有奇树，承春挺素华。丰翘被长条，绿叶蔽朱柯。因风吐徽音，芳气入紫霞。我心羡此木，愿徒着吾家。夕得游其下，朝得弄其花……"

唐代大诗人杜甫的两句诗："合昏尚知时，鸳鸯不独宿。"将水中交颈合欢的鸳鸯和合欢树相比拟，令合欢树更具知名度，生色灼光。

宋代儒将韩琦诗曰："叶叶自相对，开敛随阴阳。不惭历草滋，独檀尧阶祥。得此合欢名，忧忿诚可忘。"韩琦另有一诗《中书东厅夜合》："合昏枝老拂檐牙，红白开成蘸晕花。最是清香合蠲忿，累旬风送入窗纱。"写的也是合欢花树。

古植物志描述的合欢多为灌木者，《类要图经》曰："合欢……枝柔弱……其叶至暮而合，故一名合昏。"《群芳谱》记曰：

"合驩（即合欢）处处有之，枝甚柔弱，叶纤密，（楕）圆而绿，相对生，至暮而合。"《六书长》有曰："合昏叶似槐，夜合昼开，故名合昏，俗语转为合欢。"

合欢之风姿，给我们以视觉美感；合欢之意蕴，给我们以精神慰籍。可是，同属合欢类的金合欢，满树绽放着金色的花枝，飘散着沁人心脾的清香，非洲人却有完全不同的说法。

台湾出版的一本书藉谈到合欢树时有下面一段描述——"台湾也有合欢树生长。有首民歌唱道：'合欢树啊，我心中的花！你红得像团火焰，美得像烂漫朝霞。你开遍阿里山的云峰，你映红日月潭的银帆浪花。'歌词对合欢花充满深情的赞颂，也表达了海峡两岸同胞合欢团聚的深情。"

在非洲的热带草原上，我们看到，无论雨季还是旱季，金合欢都是终年常青。它点缀着非洲辽阔空旷的天际，给经常是枯黄的大地增添一抹秀色。它那满树青嫩的叶子，是野生动物的美味佳肴。一年四季，叶子吃掉一茬长一茬，显示了蓬勃的生命力。叶子被吃光之后，它甚至还献出自己的娇嫩多汁的皮肉。一眼望不到边的草原上，兀立着一根根白色的木桩，显得苍凉而悲怆。原来，这是十多年前的一个大旱之季，草枯叶尽，金合欢的嫩枝就全部被吃掉，树皮也全部被啃掉。这些木桩，引用同行的乌干达朋友的话说，就是金合欢"以身献国之后留下的尸骨"。

金合欢就是这样为人类、为野生动物的生存默默地作着贡献，死也在所不辞。它本是生命之源，但却被视为死亡之意。这当然不是非洲人民的过错，而是长期的愚昧和迷信造成的后果。令人惊异的是，多少年来，金合欢忍辱负重，默默地承受着无端的指责，从不申辩，从不抗争，从不要求昭雪。此种气度和品格，令人肃然起敬。

我攀住金合欢柔韧的枝条，摘下几片青翠的叶子，托在掌心，久久凝视。我知道，它们过不多久就会枯黄，但我还是珍重地将它们夹在日记本中，保存下来。我相信，在我的心中，它们将永远是常青不衰的。

4. 巴基斯坦国花——素馨

一、简介

又名素英、耶悉茗花、野悉蜜、玉芙蓉、素馨针，属木犀科。花多白色，极其芳香。原产于岭南。喜温暖、湿润的气候和充足的阳光，宜植于腐殖质丰富的沙壤土。可以压条、扦插法繁殖。亦可用于制作中药。古代常作为妇女的头饰，是温带和亚热带地区常见栽培的观赏花卉。

二、素馨花语

黄素馨——优美、文雅
白素馨——和蔼可亲

三、神奇药用

用于肝郁气滞，胁肋胀痛；
脾胃气滞，脘腹胀痛，或泻痢腹痛。

素馨花又可入药。其性平，无毒。《常用中草药手册》：治肝炎、肝硬化的肝区病，胸肋不舒，心胃气痛，下痢腹痛。

四、古韵

素馨花

负得刘王侍女称，何年钟作冢魂英。
月娥暗吐温柔态，海国元标悉茗名。
翠髻云鬟争点缀，风香露屑斗轻盈。
分明削就梅花雪，谁在瑶台醉月明。

五、美好传说

（一）

"陆大夫得种西域，因说尉佗移至广南"。此语出北宋史学家司马光。西汉初年，汉高祖刘邦因中原连年战乱后天下初定，不想讨伐擅自称王的南越，便指派处事玲珑的辩士陆贾南下巧劝赵佗归附。恩威并重，估计游说赵佗接纳耶悉茗的故事也多半产生其中。如果不是陆贾把花种带回并说服南越的地方实力派在当地广为栽种，恐怕它是难以在广州成就为年代久远的历史名花。

（二）

后汉后主刘鋹时，他残暴荒淫，不顾百姓死活，到处修建宫室庭苑，骄奢淫逸。刘鋹有一宫人名叫素馨，为民请命，不得，气血攻心病死，葬于庄头村耶悉茗花田之畔。美人冢上的雪白香花，引来后人一番凭吊，故将此花改名为素馨花。

六、气质美文

（一）第一次手捧素馨花

泰戈尔

我依旧记得，第一次我的手里捧着一束素馨花，她们是白色的，是那种纯洁无暇的白色。

我喜欢太阳洒下的温暖的光，喜欢一望无际的天空和蓊蓊郁郁的大地。

我听见夜里溪水涌动的声音。

夕阳，褪去它最后一丝耀眼的光芒，就在田野的尽头，小路的尽头，等待着我，就像慈祥的母亲，等待她晚归的孩子。

现在，每当我回忆起我很小的时候，第一次手捧素馨花的时候，那种滋味仍然是甜甜的。

从小到大，我的手里积攒了无数幸福难忘的日子。我与我的家人和最亲密的朋友们一同分享了那些最愉快的日子。

在秋雨绵绵的早晨，我眼望着窗外，反复吟诵了好多自己一直喜爱的诗。

我的脖子上挂着我的爱人亲手为我编制的花环，可是一回忆起第一次手捧素馨花的时候，那感觉依旧是如此的清晰和幸福。

（二）小花的长途

落叶，向地面作最后的俯冲，用生命，丈量孤枝与地面的高度。

黑云，和荷塘做最后的张望，用灵魂，丈量纯洁与肮脏的差距。残月，对花儿作最后的凝视，用暗影，丈量梦想与现实的距离。

落叶，弹去枝头上的尘埃，黑云，沉淀污水里的杂质，残月，斑驳的倩影轻托温柔的花瓣，而流水，只剩下层层细浪，为往事，流下行行不干的泪。

江边的软泥，残存凌乱的足印，是哪只离群的鸟，在寻觅它的伙伴？水中的青苔上，留下粒粒细沙，是谁流水的温存，扰乱水底的沉静？落叶不再飘零，暗云不再纠集，月牙不再残缺，远眺的目光里，不再苍白，不再一片茫然。几株青草，浮于江上，舒展着身姿。洁白的根须，碧绿的叶，仿佛它们不是在波浪中流浪，而是在做一次长途的旅行，它们忘了，根，不再连着黄土，而叶，不能迎风摇曳。根须，在黄土与江水之间苦苦挣扎，越来越苍白，绿叶，在阳光与江水之间徘徊，越来越萎缩。停泊，任波浪带着远行，无法摆脱沉沦的命运。也许那些浮草，只要拥有泥土和阳光，以及滴滴雨露，定能变为一片碧绿的草地。鸟儿，像一支离弦的箭，直冲云端，衔着一根漂泊的绿草，远处，传来鸟群的鸣叫，锁住每一个欲腾而起的浪潮。

白色的小花，盛开在烈日暴风里。弯月挡不住的烈日，袭卷空地面的一切，花瓣苍然落地，枝头却留下了幼嫩的青果。待果子退却了它的苦涩，青绿，那紫色且圆润的果实便会长满枝头，沉甸甸的，在风中飘着浓郁的清香。绿叶下，是颗颗饱满的果实，假如，花瓣零落之际留下缕缕暗香的话，那么这暗香必然就是滋润着青果成长的朝露，又或者是枝丫里珍藏的一朵花瓣，像一张旧式的摇椅，在重复枯燥的日子里，发出的"吱吖声响"如悦耳的叮咛，每天对青果讲述花的美，花的香。散发着芬芳的骨朵儿，对着并不漫长的夏季遥望，飘着淡香的果实身上，还披着花儿给的外衣。仿佛听见即将落地的绿叶,为紫色的果实讲着最欢乐的童话,轻轻地离去,绿叶轻盈地飘落在地面,含着淡淡的笑意。枝头,忽然弹跳起来,一粒果子,便调皮地落地,它躲在落叶身下,做了一个梦:梦里,果核生根发芽,成为一棵参天大树,树上,花儿还在怒放,果子还在枝头舞蹈。

拾起一片落叶,捏拿这本属于秋天的遥望;珍藏一滴雨水,凝结成一团更为飘逸的云。夜晚,皓月当空的时候,在花开烂漫的院子里,取一瓢深潭里的水,放置在脸盆里,圆月的倒影便落在了水那宽阔的怀里。月在水底摇晃,仿佛忘了矜持,风扬起的层层细纹,更使月影多了几份调皮。

在频频飘来清凉夜风的河畔,在柳枝温柔拂过脸庞的滩头,遥望,遐想,沉思。河中心朦胧的灯光,影影绰绰地映照于水面,如颗颗星辰折射出来的光芒,醉了这河水里的浮草,这河畔的凉风,滩头的柳枝。此刻,便让人彻底地释怀,高度,厚度与距离。也许,人,总该有一点点向往的,不需要艳丽的行头,不需要沉重的负担,愉快就好,不惧世俗的冷眼,不畏现实的残酷,缕缕花香,这也许常常会使人更加透明,清澈如水面上圆月,零碎的光。

5. 比利时国花——虞美人

一、简介

又名丽春花、赛牡丹、满园春、仙女蒿、虞美人草,罂粟科罂粟属草本植物,花期夏季,花色有红、白、紫、蓝等颜色,浓艳华

美。原产于欧亚温带大陆,在中国有大量栽培,现已引种至新西兰、澳大利亚和北美。

二、虞美人花语

白色虞美人:象征着安慰、慰问。

红色虞美人:极大的奢侈顺从。

三、虞美人箴言

原来弯曲柔弱的花枝,此时竟也挺直了身子撑起了花朵。实在难以想象,原来如此柔弱朴素的虞美人,竟能开出如此浓艳华丽的花朵。生命,就是负重与挑战的过程。

四、神奇药用

药用价值高。入药叫雏罂粟,有毒,有镇咳、止痛、停泻、催眠等作用,其种子可抗癌化瘤,延年益寿。

五、古韵

(一)虞美人

碧桃天上栽和露,不是凡花数。

乱山深处水萦洄，可惜一枝如画、为谁开。

轻寒细雨情何限，不道春难管。

为君沈醉又何妨，只怕酒醒时候、断人肠。

赏析：此词运用新巧别致的比喻手法，表现了怀才不遇、伤春惜别的主题。词人用细腻的笔墨，精心刻绘出完整的形象来作比喻。词的上片写仙桃，下片写美人，以仙桃比喻美人，而美人又是作者寄托身世、用以自况的对象。

颔联显示这仙品奇葩托身非所。乱山深处，见处地之荒僻，因此，它尽管具有仙品高格，在溪边显得盈盈如画，却没有人来欣赏。

第二片两句，写花在暮春的轻寒细雨中动人的情态和词人的惜春的情绪。细雨如烟，轻寒恻恻，花显得更加脉脉含情，无奈春天很快就要消逝，想约束也约束不住。花的含情无限之美和青春难驻的命运在这里构成无法解决的矛盾。

结句说的是因为怜惜花的寂寞无人赏，更同情花的青春难驻，便不免生出为花沉醉痛饮，以排遣愁绪的想法。

（二）虞美人

李煜

春花秋月何时了，往事知多少？小楼昨夜又东风，故国不堪回首月明中。雕栏玉砌应犹在，只是朱颜改。问君能有几多愁，恰似一江春水向东流。

赏析：

此词大约作于李煜归宋后的第三年。词中流露了不加掩饰的故国之思，据说是促使宋太宗下令毒死李煜的原因之一。那么，它等于是李煜的绝命词了。全词以问起，以答结；由问天、问人而到自问，通过凄楚中不无激越的音调和曲折回旋、流走自如的艺术结构，使作者沛然莫御的愁思贯穿始终，形成沁人心脾的美感效应。

诚然，李煜的故国之思也许并不值得同情，他所眷念的往事离不开"雕栏玉砌"的帝王生活和朝暮私情的宫闱秘事。但这首脍炙人口的名作，在艺术上确有独到之处："春花秋月"人多以美好，作者却殷切企盼它早日"了"却；小楼"东风"带来春天的信息，却反而引起作者"不堪回首"的嗟叹，因为它们都勾起了作者物是人非的笔触，跌衬出他的囚居异邦之愁，用以描写由珠围翠绕，烹金馔玉的江南国主一变而为长歌当哭的阶下囚的作者的心境，是真切而又深刻的。

结句"一江春水向东流"，是以水喻愁的名句，含蓄地显示出愁思的长流不断，无穷无尽。同它相比，刘禹锡的《竹枝调》"水流无限似侬愁"，稍嫌直率，而秦观《江城子》"便作春江都是泪，流不尽，许多愁"，则又说得过尽，反而削弱了感人的力量。

可以说，李煜此词所以能引起广泛的共鸣，在很大程度上，正有赖于结句以富有感染力和向征性的比喻，将愁思描写得既形象化，又抽象化：作者并没有明确写出其愁思的真实内涵——怀念昔日纸醉金迷的享乐生活，而仅仅展示了它的外部形态——"恰似一江春水向东流。这样人们就很容易从中取得某种心灵上的呼应，并借用它来抒发自己类似的情感。因为人们的愁思虽然内涵各异，却都可以具有"恰似一江春水向东流"那样的外部形态。由于"形象往往大于思想"，李煜此词便能在广泛的范围内产生共鸣而得以千古传诵了。

六、美好传说

虞美人在古代寓意生离死别、悲歌。辛弃疾有诗曰："不肯过江东，玉帐匆匆。只今草木忆英雄。"亦有英雄惺惺相惜之意，清代有人以虞姬口吻占诗曰:"君王意气江东,妾何堪入汉宫。碧血化为江上草,花开更比杜鹃红。三军散尽旌旗倒,玉帐佳人坐中老,香魂夜逐剑光飞,轻血化为原上草。"当年,西楚霸王困于垓下,兵孤粮尽,四面楚歌。虞姬拔剑自刎,鲜血落地,化为鲜艳的花朵,此花便是虞美人。

　　人生最难消受的,是别离。是虞姬且歌且舞,泣别项羽。这个楚霸王最爱的女人,当年风光时,她与他,应是人成对,影成双。垓下一战,楚霸王大势尽去,弱女子失去了保护她的羽翼。男人的成败,在很多时候,左右着女人的命运。她拔剑自刎,都说为痴情。其实,有什么退路呢?她只能,也只能,以命相送。传说,她身下的血,开成花,花艳如血。人们唤它,虞美人。

　　真实的情形却是另一番的,此花原不过田间杂草,野蒿子一样的,顽强生长,不为人注目。然它,不甘沉沦,明明是草的命,却做着花的梦。不舍不弃,默默积蓄,终于在某一天,疼痛绽放。红的、白的、粉的,铺成一片。瓣瓣艳丽,如云锦落凡尘。人们的惊异可想而知,它不再被当作杂草,而是被当作花,请进了花圃里。有人叫它丽春花,有人叫它锦被花,还有人亲切地称它,蝴蝶满园春。春天,竟离不开它了。

　　生命的高贵与卑微,本是相对的。纵使不幸卑微成一株杂草,通过自己的努力,也可以让命运改道,活出另一番景象。

6. 波兰国花——三色堇

一、简介

　　在欧洲是常见的野花,别称:三色堇菜、蝴蝶花、人面花、猫

脸花、阳蝶花、鬼脸花,又叫琼花,忍冬科落叶或半常绿灌木。4、5月间开花,花大如盘,洁白如玉,当然,品种繁多,有其他缤纷的颜色,十分鲜艳。聚伞花序生于枝端,周边八朵为萼片发育成的不孕花,中间为两性小花。分布在四川、甘肃、江苏、河南、山东以南等地。

二、三色堇花语

白日梦,思慕,沉思,快乐,想念我。红色三色堇:美丽的红色花卉,花语是"思虑、思念"。黄色三色堇,花语是"忧喜参半"。紫色三色堇,花语是"沉默不语"、"无条件的爱"。大型三色堇,花语是束缚。

三、三色堇箴言

梦想是愉快的,但如果不采取实际行动,不按计划执行,充其量不过是妄想。

四、神奇药用

1. 治咳嗽:三色堇3克~9克,水煎服(《药用花卉》)。
2. 祛痘功效:三色堇具有杀菌消炎、祛痘和防过敏的功效。喝三色堇茶,然后用三色堇茶涂抹在痤疮患处,长期坚持,对痘痘、痘印有很好的疗效。

五、美好传说

（一）

很久以前，堇菜花是纯白色的，轻如白云。

顽皮的爱神丘比特，他手上的弓箭具有爱情的魔力，射向谁，谁就会情不自禁的爱上他第一眼看见的人。

可惜，爱神既顽皮，箭法又不准，所以人间的爱情常出错。这一天，爱神准备拿一个人来射箭。

谁知道一箭射出，忽然一阵风吹过来，这支箭竟然射中白堇菜花。白堇菜花的花心流出了鲜血与泪水，这血与泪流了之后再也抹不去了。从此白堇花变成了今日的三色堇，这是神话故事中三色堇的由来。

（二）

原来，三色堇上的棕色图案，是天使来到人间的时候，亲吻了它3次而留下的。

又有人说，当天使亲吻三色堇花的时候，她的容颜就印在花瓣上了。所以每一个见到三色堇的人，都会有幸福的结局。

思念如堇我在找你，你在何方。黎明已近，我在等你。寻寻觅觅，思念如昔。

六、气质美文

三色堇

道旁的三色堇并不吸引漫不经心的眼睛，它以这些散句断章柔

声低吟。——泰戈尔

　　第一次见到这个小小的草本植物，还是个无知的小女孩，莫名地喜欢。觉得它是世界上最美的花。道旁的三色堇并不吸引漫不经心的眼睛，它以这些散句断章柔声低吟。记忆中的剪影：二十年前的县城，穿过幽暗的过道，绕过布满爬山虎和金银花的庭院，是县城唯一的图书馆，据说是旧时的书院。白天也亮灯，昏黄的光，像困倦而幽暗的梦巢，一个做白日梦的女孩，大量地阅读那些璀璨的灵魂及他们斑斓的沉思、幸福、烦恼和忧伤。那些文字，那些梦，雕琢着一颗冷静而热烈的心灵。

　　紫黄白相间的花儿，花中央是黄灿灿的光芒，周围均匀地分布四个黑亮的圆形斑点，像极了睁着的大眼睛，整个花瓣透着少女清纯的狡黠，远看像蝴蝶栖落在绿色的叶丛上，这就是泰戈尔眼中的三色堇。我把在书上看到的故事讲给同伴听，三色堇的花原本是纯白的，白色似雪如云，她总是在春天将她的最美的花苞绽放，于是冬天之后人们的爱情也紧跟着苏醒。顽皮的丘比特带着他的黄金弹弓四处游玩，他手上的弓箭带着爱情的魔力，传说被射中的人将会对自己中箭后第一眼所见的人一见钟情，然而可爱的丘比特顽皮却又总是箭法不精准，一天，顽皮的丘比特将手中的箭射出，一阵风吹过，将箭射中了白色的三色堇，鲜血与泪水从三色堇的花心中不断流出，白色的三色堇染上了血与泪，却更加鲜艳动人。

　　每年每季，花开花落。只要有风，花就叹息。每一个女子，都是一朵美丽的花，绽放、盛开、凋零……灵魂的成长，花的生命，爱的轨迹，生命的旅途会出现无数的刹那，不断反复的迷与悟。我不养花，会种植一些四季常青的植物，喜欢那些单纯而自然的生命。依然喜欢阅读，喜欢做梦。对大自然中所有细致而又自足的灵魂有一种自然的亲近与热爱。20年后的我，如三色堇的颜色，心境从紫色到黄色到白色。心中的繁花，生命的喜悦，浓郁，芬芳。已经深深地领悟到"忧喜参半"和"沉默不语"。那跃跃欲试前空寂和跃跃欲试后的纷纭沓至。随遇而安，浓淡相宜。

春日的午后，一场雨把所有生灵都淋湿。但很快，天空就变得澄明而洁净。我看到这张清新宁静而又安然的脸。用一种安静的微笑注视着我。薄薄的花瓣恣意地向外伸展。狂野的力量，不顾一切地向外绽放，开到极致，令人心惊，怜爱，惊醒。感觉它的娇艳，温婉，纯净，肆意地怒放无处不透着不可解的孤独。此起彼伏，真的感觉这个世界并没有自己想象的那种悲观。尽管我不知道，这一季的阳光到底是不是浮光掠影，会不会稍纵即逝，只是我明白，我能肯定那三色堇的三片花瓣，一片是真，一片是善，一片是美，花心是爱。这脆弱饱满的灵魂像质朴清新的风袭进了你的胸怀，固执地想要藏进你的心里，这三色堇，是多么动情的花朵，像一只蝴蝶，悠然地唱着一支轻快的歌，安静地飞着，如同我安静地存在。

7. 朝鲜国花——杜鹃

一、简介

杜鹃花简称杜鹃，为杜鹃花科杜鹃花属植物，是中国十大名花之一。

杜鹃是当今世界上最著名的观赏花卉之一。它是杜鹃花科中一种小灌木，有常绿性的，也有落叶性的。全世界有850多种，主要分布于亚洲、欧洲和北美洲，在中国境内有530余种，但种间的特

征差别很大。

花顶生，花数不一，核花骨朵颜色丰富多彩。杜鹃花通常为5瓣花瓣，在中间的花瓣上有一些比花瓣略红的红点。杜鹃花的生命力超强，既耐干旱又能抵抗潮湿，无论是在太阳或树荫下它都能适应。根浅，分布广，能固定在表层泥土上。最厉害的是它不怕都市污浊的空气，因为它长满了绒毛的叶片，既能调节水分，又能吸住灰尘，最适合种在人多车多空气污浊的大都市，可以发挥清新空气的功能。通常在春、秋两季开花。

二、杜鹃花语

永远属于你，爱的喜悦，节制。

三、杜鹃的箴言

花开的时候，是爱的喜悦，是生命的回馈。我们要用生命中的每一秒，每一次呼吸去感恩，感恩自然，并感恩那些没有义务，却陪我们一起走下去的人们。

四、古韵

（一）唐宣城见杜鹃花

李白

蜀国曾闻子规鸟，宣城还见杜鹃花。

一叫一回肠一断，三春三月忆三巴。

赏析：诗的一、二句，形成自然的对仗，从地理和时间两个方面的对比和联结中，真实地再现了触动乡思的过程。本来是先看见宣城的杜鹃花，因而联想到蜀国的子规鸟，诗人却将它倒了过来，先写回忆中的虚景，后写眼前的实景。故国之思放在了突出的位置上，表明这故国之思原本就郁积于心，今日一旦勾起，大为凄苦强烈。然而，被乡思苦苦折磨着的诗人，眼下怎能回到故乡去呢？青年时代，他"仗剑去国，辞亲远游"，要到故乡之外的广阔天地中去实现宏伟抱负。本想功成名退，然后荣归故里。怎料功业无成，老来竟落到如此，他有何面目见蜀中父老呢？何况，李白困居宣城，带着老迈的病体，无法踏上旅途。飘泊终生的诗人，到头来不但政治与事业上没有归宿，就连此身也无所寄托，遥望着千里之外的故乡，他心中的悲戚可想而知。三、四句，进一步渲染浓重的乡思。子规鸟的俗名叫断肠鸟，"一叫一回肠一断"，它啼叫起来，没完没了，诗人的愁肠也碎成一寸寸了。末句点明时令，用"三春三月"四字，补叙第二句；"忆三巴"三字，则突现了思乡的主题，把杜鹃花开、子规悲啼和诗人的断肠之痛融于一体，以一片苍茫无涯的愁思将全诗笼罩了起来。情结萦回，使人感到乡思袭来时无比的悲切伤痛。

语思：就像向日葵追寻太阳，人总是追求完美。而人生偏是一个在苦难中不断塑造自我的过程。

（二）净兴寺杜鹃花

李白

一园红艳醉坡陀，自地连梢簇蒨罗。
蜀魄未归长滴血，只应偏滴此丛多。

赏析：杜鹃花一名映山红，每年农历三四月，杜鹃鸟从那遥远的南方归来，当人们听到它的啼叫声时，此花便如火如荼地怒放起来，只见到处叠红堆紫，灿若蒸霞，映得满山一片火红，因此有这个名称。这首诗抒情深刻，语境新奇而自然。

语思：无势可乘，英雄无用武之地；有道之地，君子有展采之思。

（三）杜鹃花

成彦雄

杜鹃花与鸟，怨艳两何赊。
疑是口中血，滴成枝上花。
一声寒食夜，数朵野僧家。
谢豹出不出，日迟迟又斜。

赏析：古代盛传这么个故事，蜀国杜宇称王，号为望帝，曾遇天灾，大水泛滥，望帝不能治，以鳖灵为相，命他治水，人民得以安居乐业，望帝自谦德薄，禅位鳖灵而去。望帝去时子规啼，故蜀人悲子规而思念望帝。又传望帝修道飞升，化为杜鹃鸟，或又称杜宇鸟、子规鸟，至春则啼，闻者凄恻。以后，民间又把杜鹃鸟与杜鹃花联系起来，说杜鹃花是由杜鹃鸟啼血滴地而变来的。这样，杜鹃便一名而二物。

语思：灵动的想象，终会把所见变为所思。

（四）叹灵鹫寺山榴

李群玉

水蝶岩蜂俱不知，露红凝艳数千枝。
山深春晚无人赏，既是杜鹃催落时。

赏析：翩飞在清水边的彩蝶和那庸碌采蜜的蜜蜂，不知露水中枝头已盛开了万朵杜鹃，嘈杂的尘世，已随山的绵延渐远，再美的杜鹃也无奈零落在这深山中。作者寓情于景，将满心的惆怅寄予深山中的宁静，却在这里邂逅了压满枝的芬芳杜鹃，不禁联想到自己的遭遇。百般挣扎，却留下如这杜鹃一般的寂寞背影，显得无奈。恐怕，在这无奈又无望的岁月，也得逐渐萎靡，渐渐失去继续的勇气……

语思：如果多美的风景都不能让你停下脚步，那你来看风景干什么？

五、气质美文

杜鹃花的花语，代表着"节制"，原因是"她只在自己的季节里开放。"杜鹃花很懂得节制，知道何时才是她该盛开一展风姿之时，而我也知道身处何时何地，针对何人何物，该何去何从，如何自处。"凝成口中血，滴成枝上花"，说的是杜鹃花。惜时安命，是杜鹃的"花格"。开时，芳华沸腾；谢时，宁静素颜。在该绽放时肆无忌惮，为自然的盛宴全力以赴；在该谢幕时安守寂寥平凡，以淡然豁达之态，为其它花朵让出绚丽的舞台。杜鹃质朴顽强，无论山野峭壁或者庭院转角，得一隅天地，便兀自生长所以，宋代杨万里不吝赐诗。"何须名苑看春风，一路山花不负侬。日日锦江呈锦样，清溪倒照映山红。"白居易另一首赞美杜鹃的诗。"闲折二枝持在手，细看不似人间有，花中此物是西施，鞭蓉芍药皆嫫母"。怪不得见过大世面的白居易遇上杜鹃，也无法怜惜笔墨。"回看桃李都无色，映得芙蓉不是花。"不仅赞美杜鹃美丽的花色，更读懂了她的"花格"。

只想在属于我的时节中做一朵艳丽怒放的泣血的杜鹃花，歌颂那永久的主题——爱情。杜鹃鸟啼鸣不休,声声呼唤着自己的爱人,最终口中泣血化作漫山遍野的杜鹃花。为人民、为国家、为爱情直到口中泣血,是高尚无比的。鞠躬尽瘁为人民、呕心沥血为国家、坚贞不渝为爱情,是值得歌颂的。

语思:胜而不骄,劳而不矜其功。

8. 丹麦国花——木春菊

一、简介

别称蓬蒿菊、东洋菊、法兰西菊、小牛眼菊(又名:少女花)

二、木春菊花语

预言恋爱、暗恋、高贵。期待的爱,请想念我。愉快、幸福、纯洁、天真、和平、希望、美人、深埋心底的爱。

三、木春菊箴言

善于等待的人,一切都会及时来到。

四、古韵

新雷

张维屏

造物无言却有情，每于寒尽觉春生。

千红万紫安排着，只待新雷第一声。

赏析：《新雷》写的是迎春的场面。"造物"是指大自然。自然界虽然无声不言，但是有感情的。你瞧，冬寒尚未退尽，春天已经悄悄地来临了。百花园里万紫千红的花朵都已准备就绪，只待春雷一声，就会竞相开放。鸦片战争后，在封建势力和侵略者双重剥削下，老百姓生活更加艰难。这首诗不仅表现了诗人对大自然的无限赞美，更重要的是抒发了对社会变革的热切期待。

五、美好传说

木春菊原名叫做蓬蒿菊或木春菊，在十六世纪时，因为挪威的公主十分喜欢这种清新脱俗的小白花，所以就以自己的名字替花卉命名。在西方，木春菊也有"少女花"的别称，因为它们就像清纯少女般羞涩，被许多年轻少女喜爱。

名为少女花的原因之一，由于木春菊是一种可以预测恋爱的花朵。相传只要手持木春菊，当一片片摘下花瓣时，口中念着"喜欢、不喜欢、喜欢、不喜欢……"待数到最后一片时，就可以对恋情作出占卜。还有准备一个瓶子，在每个有月亮的晚上，轻轻对着一朵木春菊干花说一句祝福的话，然后放进瓶子里，等到花儿开放之后凋零风干，每天喝一杯这些花朵泡的茶，等他全部喝完了这一瓶的干花，他就可以拥有永远的健康，即使生病了很快也会痊愈。

六、气质美文

（一）木春菊

轻轻的我来了
默默地你走了
径流中忧伤的落叶
是木春菊对烈日深深的思念
古月清泉
花无声
人无泪
寒风霜夜里
木春菊开的悄悄然
为何繁星在黑夜中黯淡了耀眼的颜色
只因这世界花深深的寂寞埋葬了暮色
木春菊狠狠地绽放
却又片片零落
心有事
花无泪
轻轻地你走了
静静的我来了
菊梦初醒
心窗外

花寂静……

（二）菊花情结

看四季万花，我更喜欢菊花。菊花的美是一种情怀，对菊花做的所有行为，都是人性本身的一种释怀，正因为为了保留这种爱恋，我至今没有触碰过它，只远观不近玩，让菊花带来阵阵香气，沁透我的心脾，冥冥中，我已感觉我的舌尖在菊花的周围环绕，环绕……

有人说，人性是贪婪的，人性是懒惰的，我也这么认同，但惟独在菊花面前，这些恶劣的秉性都荡然无存。它没有牡丹的大华大美，没有荷花的圣洁如玉，没有腊梅的傲视一切，没有玫瑰花的妩媚幽香，没有清竹的崇高气节，以清华秀丽的灿烂花姿吸引和装扮这个世界。它平雅而无华，它素美中高雅，它不需要过多的丽日照射，不需要与众花争时争艳；在瑟瑟秋风中挺拔玉立，一枝独秀的装扮着寒冷仲秋。我喜欢它的素美，喜欢它的无争，在少花的季节的灿烂。

菊的高洁、坚韧、淡泊、豁达其实全写在了平凡淡定的生命中，平凡的它是寒秋的魂魄，淡定的它是花中的极品。菊花又是思念之花，送别之花，逝者远去兮，朵朵黄菊寄深情，恐怕没有比这再有意义的哀思了。

也读过不少古今文人墨客描写菊花的诗句："待到秋来九月八，我花开后百花杀"，唐朝农民起义领袖黄巢以凌厉激越的气势，把菊比做饱经风霜的斗士，赋予菊花战斗的美。"莫道不消魂，帘卷西风，人比黄花瘦"。宋代女词人李清照绵长的思念和细腻的情感渲泄在片片瘦菊里，一个"瘦"字，把她凄婉人生的剪影逐放在西风里雕刻成菊。"采菊东篱下，悠然见南山"，淡泊荣辱、名利之外，隐

花的大千世界 上

居田园的东晋诗人陶渊明怡然自得,超凡脱俗的人生盛开在南山淡淡的菊香里。伟大领袖毛泽东笔下的"今又重阳,战地黄花分外香",黄花的香气吹拂着革命者的气势磅礴,豪情万丈。

一年一度秋风劲,菊花在劲扬的秋风中适时开放了,我见证了它坚韧不屈、淡泊清华的生命力量,韬光养晦、厚积薄发的释放魅力。这是一盆生长在旧花盆里无人顾及的花,今年开春,我从角落里找出,准备拨掉先前的菊花根,栽种丝瓜苗,后来由于菊的根植入太深,没有力气拨掉,于是就把丝瓜苗埋在菊花根旁边。整整一个夏天,我只按照丝瓜的习性浇水施肥,全然没考虑菊的感受。过了几个月,这盆混栽的两种植物中,丝瓜爬上了窗棂,菊花也长出了绿叶,可丝瓜只是一味地疯长,却不见打苞结果,而菊花柔弱的细枝上却有几株花苞,起先我并不在意,心想,刻意种植的丝瓜都不结果实,更何况准备弃之的菊花,然而菊花却显露出异样的坚定,再看它时,已是花枝青翠,骨朵绽放了,金黄色的花蕊煞是好看,散发出清幽的香气,每朵花的直径竟然已经很长,10余朵菊花在秋风中迎风招展,成为我家阳台上一道靓丽的风景。

看着美丽的菊花,我喜不自禁,这盆我一度忽视,甚至要抛弃的植物,不畏严寒,不畏逆境坚强成长。如今菊花开了,我想我也会对自己的人生有所承诺,花开的季节,做一朵傲霜的菊;花谢的时候,做一杯馨香的菊花茶。

我用静默的心,和乐的态,关注这万紫千红的菊花。到处都是美好景观,细微处人们心里透着逸情。我喜那无华的妩媚,独树的艳情,高雅的情操,和高尚品行。

秋雨带哀怨,寒风催枯叶,但见凋谢的花叶,更叹息人生的苦短。

做人就要像菊花,于污泥而不染,傲然而不骄情,平雅而不俗套,和众而不虚彩,错时空而逢生。学它的品行,在多彩的世界中,找好自己的位置。

9. 德国、马其顿国花——矢车菊

一、简介

矢车菊的故乡在欧洲。它原是一种野生花卉,经过人们多年的培育,它的"野"性少了,花变大了,色泽变多了,有紫、蓝、浅红、白色等品种,其中紫、蓝色最为名贵。在德国的山坡、田野、水畔、路边、房前屋后到处都有它的踪迹。它以清丽的色彩、美丽的花形,芬芳的气息、顽强的生命力博得了德国人民的赞美和喜爱,因此被奉为国花。

二、矢车菊的花语是

幸福。

三、矢车菊箴言

我们活在这个世界上,每天不断地奔跑,甚至奔命、追逐的,是世俗的需要,而非心灵的需求。富可敌国的人,未必找到了快乐;权倾一方的人,未必寻觅到了幸福。快乐和幸福,说到底,不是金钱和权力，只是心底里的一种安逸与宁静。

四、神奇药用

养颜美容、放松心情、帮助消化、使小便顺畅。矢车菊纯露是很温和的天然皮肤清洁剂，花水可用来保养头发与滋润肌肤；可帮助消化，舒缓风湿疼痛。有助治疗胃痛、防治胃炎、胃肠不适、支气管炎。全株有小毒，食用大量后，引起四肢麻痹，并有食欲不振、腹泻等现象。

五、美好传说

象征幸福的小花朵是德国的国花，在欧洲的乡间小路上、玉米田里，都可以看见矢车菊湛蓝娇小的可爱身影，散发出淡淡清香。蓝色的花朵是很独特的元素，丰富了花茶的视觉及风味。

德国在一次内战中，王后刘易斯被迫带着两个王子逃离柏林。半途，车子坏了，王后与两个王子下车，在路边看见大片蓝色的矢车菊，两个王子高兴极了，就在矢车菊花丛中玩耍。王后刘易斯用矢车菊花编织了一个美丽的花环，给9岁的威廉带上，十分漂亮。后来，威廉成了统一德国的第一个皇帝，但他总是忘不了童年逃难时，看到盛开的矢车菊的激情，忘不了母亲给他用矢车菊编成的美丽的花环，他深深地热爱着矢车菊，因此，矢车菊被推为德国国花。矢车菊象征着民族爱国、乐观、顽强、俭朴的品格，诗人用美妙的语言歌颂它，画家用艳丽的笔墨临摹它，说它的花能启示人们学会小心谨慎、虚心，而这正是德国人民处世虚心、谨慎、谦和之风的真实写照。

六、气质美文

（一）矢车菊的颜色

风吹动一棵草

那株草在动

它害羞地低下头

然后通知更多的草

更多的草在动

它们低下头

去看脚尖和潮湿的泥土

风吹着我年轻张扬的脸

我的感动在沸腾

风吹着天上的几片云

云在动

大地也在动

我看到的风是有颜色的

它看上去很安静

天空的颜色

浪花的颜色

夏天的颜色

一朵刚开放的

矢车菊的颜色

就是风的颜色

它把这个山坡的颜色

错当成了天空的颜色
我在风中的颤抖
都会震碎满身披挂的冰凌
让它摔落在草中，润物无声
打开心房
取出珍藏的那根火柴
在裸露心上划出灼热的磷火
让我拥抱它取暖
离天最近的湖边
那片摇摆的矢车菊
是皈依的去处
真切的聆听苏武牧羊挥动的鞭子
甩出一串清脆的音符
矢车菊是个野孩子
苦难是一把铁锤
把你锻造的胴体湛蓝
恍如夜空中闪烁的眸子
它不是孤独的
那些满山的苜蓿都是它的知己
春风一渡万木复苏
它在山中自由摇曳
洋溢着幸福快乐的样子
感恩
我生就有一岁一枯荣的悲喜

（二）矢车菊的幸福

象征幸福的矢车菊故乡在欧洲，是一种野生花卉。

蓝色的矢车菊，很清新。

适应能力很强的矢车菊，即使在花盆里，也毫不拘束，仍然优雅的张扬着。

小小的矢车菊还是会有些小小的娇气，喜欢阳光充足却耐不了潮湿的润土。

各色的矢车菊都有各种味道，犹如这一朵，它可不是向日葵，记好了，它的名字叫矢车菊。

矢车菊是庞大的菊科家庭中的一员。地处中欧的德国，在山坡、田野、房前屋后、路边和水畔都有矢车菊的芳影。夏季是矢车菊的季节，微笑着的头状花序生长在纤细茎秆的顶端，宛若一个素气的少女，向着"生命之光"—太阳祈祷幸福、欢乐。矢车菊淡紫色、淡红色及白色的素雅花朵，散发出阵阵清幽的香气，表现出少女般的恬静品质，博得德国人民的赞美，被誉为德国的国花。

岁月真的有着可以使物是人非的力量。有些记忆，有些甜蜜，甚至还余音绕梁的盘绕在心底。怎么有勇气，就这样轻易放弃；怎么可以，如此不珍惜……人总是在幸福的时刻并没有那么多的幸福感，在失去的时候才感觉那已经是相当的幸福了。

如果说：幸福就像一个沙漏，你觉得它是在一点一滴的流逝着？还是一点一滴的累积呢？就好比时光，一分一秒的进行着，我们常常会忘记了它的存在以及已经过去的美好。

渗透在记忆里的是幸福，对于未来的期盼，勾勒出的场面是幸福，然而最重要的现在呢？或许，幸福真的需要时间来证明，或者，幸福正在等待时间来完成，但我更宁愿相信，在一分一秒进行的时间里，幸福也在一点一滴的持续经历着。我正在体会：此刻的幸福！幸福是一种感觉，是一种对现状的接受与肯定，还有由此而来的愉悦。

也许，人会抱怨，自己为什么只是一个简简单单的平民，为什么，不能拥有荣华富贵，呼风唤雨的生活。也许，身份是上天注定。贫困痛苦的人们总是在一次次残酷的现实中绝望，那有多少人又在尝试着改变。

世界，远远比我们想象中的要大，要宽广。那为何，又不尝试着飞翔。

幸福，真的遥不可及吗？

不，不是的。

其实幸福就像矢车菊，触手可及。瘦弱的矢车菊拥有着不一般的精神。它没有曼珠沙华那般让人心动的传说，没有天堂鸟的雍容华贵，没有睡火莲的王者霸气。它就是这样，娇小的身躯，努力地绽开着。可它，就这样戴上了德国国花的桂冠。

矢车菊，细致，优雅。

不是吗，淡淡的幸福，像矢车菊就好。

不要奢望什么，抓住自己淡淡的幸福。只要自己过得好，又何必在乎别人的意见呢。

淡淡的幸福，像矢车菊就好……

10. 俄罗斯国花——向日葵

一、简介

向日葵，别名太阳花，是一种可高达 3 米的大型一年生菊科向日葵属植物。因花盘随太阳转动而得名。向日葵的茎可以长达3米，花头可达到30厘米。向日葵原产地为北美洲。是秘鲁、玻利维亚、俄罗斯等国的国花，美国堪萨斯州的州花，日本北九州岛市的市花。

二、向日葵的花语

沉默的爱，信念、光辉、高傲、忠诚、爱慕、勇敢地去追求自己想要的幸福。

三、向日葵箴言

每个热爱向日葵的孩子，终将活的比向日葵更灿烂。

四、神奇药用

平肝祛风，清湿热，消滞气，种子油可作软膏的基础药；茎髓可作利尿消炎剂；叶与花瓣可作苦味健胃剂；果盘（花托）有降血压作用。

五、美好传说

传世,有一位气质而美貌的水泽仙女。一天,她在树林里遇见了正在狩猎的太阳神阿波罗,她深深地为这位法力无边的神所着迷,深深地爱上了他。可惜落花有意、流水无情,阿波罗走了甚至没有注意她。仙女急切地盼望再次和他相遇,但她却再也没有遇见过他。于是她只能每天凝望着天空,看着阿波罗驾着金碧辉煌的日车划过天空。她目不转睛地注视着阿波罗的行程,直到他下山。日复一日,她就这样痴痴坐着,面容憔悴,血色渐无,变得焦黄。一到日出,她便望向太阳。后来,众神怜悯她,把她变成一朵金黄色的向日葵。她的脸儿变成了花盘,容颜虽改,但她的痴心却永远不变,脸庞始终仰望着太阳,阿波罗驾着马车载着太阳走到那儿,她的眼神也就跟到那儿,总是追随着太阳,向他诉说她永远不变的恋情和爱慕。因此,向日葵的花语就是——沉默的爱。

六、气质美文

(一) 舒展,为一叶心灵的空间

只愿,慢慢地舒展,
像早春抽芽的杨柳,
依偎着湖岸,
被春风抚挽。
同时,也装点每一扇
心灵待启的轩窗。

我只愿，轻轻地抬头，
像盛夏里的向日葵，
轻摆在田野，
被阳光温暖。
同时，也感染每一颗
追寻梦想的心灵。
我只愿，静静地盛开，
像秋飘香的桂花，
铺在道上，
被晚霞拥抱。
同时，也熏香每一寸
美好路过的时光。
我只愿，缓缓地飘落，
像隆冬精致的雪花，
飞舞在风中，
被云雾绕转。
同时，也明媚每一条
静谧幽远的深巷。
我只愿，悄悄地幻变，
像田园与海的唯美四季，
缤纷在天堂，
被神灵宠爱。
同时，也精彩每一个
天使可爱的脸庞

语思：人间如果没有爱，太阳也会灭。——雨果

（二）向日葵选择温暖

长大以后，我开始相信每个人的心情都有灰色的时候。那时候我不知道那道光什么时候来，也不知道会不会来，但是却像向日葵一样，翘首以盼。

我想起很多年前，我感觉特别失意的时候，那时候我总是期待，会有某个人某件事或者某个遭遇，它就像从层层乌云里穿透出来的一道阳光，然后所有乌云哗啦啦地全部飘散。

那时候我觉得人，必须要像向日葵一样活着。在黑夜里等待，狂风暴雨里等待，就算只出现了一点点阳光，却也想努力朝着那些光生长。

当太阳再次从东方徐徐升起，温暖的阳光下，你轻轻张开双眼，一瞬间，你就会有一种硕果累累的感动和金黄灿烂的诱惑，这就是向日葵报以的微笑和热情。

向日葵不择土壤的贫瘠，不讲水肥的多少，只要撒进土壤，就会站立成一种蓬勃向上的姿态，像一面旗帜；向日葵从不抱怨和嫉恨，也不喧嚣和张扬，始终向着太阳微笑，高高昂起的花盘和向外舒展的叶片，就算是凋谢，也迸发出绝美的艳丽，无声地记录着太阳的辉煌。

在秋天的边缘，向日葵便以出嫁新娘的姿态，热切的沿着目光奔腾而来，极目远眺，一望无际，毫无顾忌地伸展，没有山峦，没有小草，甚至没有缕缕炊烟，在秋风不断的摇曳中，只有一浪高过一浪的汗水。向日葵所激起的想象，不只是空旷、悠远、辽阔；更多的是虚怀若谷博大坦荡，淡定从容。当我直面端详向日葵的一举一动时，从内心深处，涌起一种感动，一种难以抑制的感动，是越来越感到的：向日葵不就是热情执着的象征吗？无论是烈日炎炎，还是细雨蒙蒙，总是默默无闻地，与大地对话，同禾苗私语。那姿态，定格在所及的目光里，极易满足，所有这些不值得赞美吗？

命运不会随便首肯你的选择，岁月也不肯轻易鉴定你的历程。然而，你却不能拒绝沧桑的岁月和命运的磨难。因此，高傲地活着吧！

只要春天还在，你就不会悲哀，纵使黑夜吞噬了一切，光明也不会躲开！

只要生命还在，你就不会悲哀，纵使风浪荒芜了一切，希望也不会躲开！

只要明天还在，你就不会悲哀，纵使寒风冰冷了一切，温暖的爱也不会躲开！

最后，请记得，只要你面朝阳光，阴影就会落在身后！

人啊，要像向日葵一样抬头。抬头看看蓝天，你就会知道原来自己那么幸运，你能接触这么美的事物；抬起头微微笑，你就会知道原来内心是幸福的，至少你比别人幸福；抬头听听鸟叫，你就会知道外面的世界很宽广，很精彩。

语思：命运是条坎坷的路，心态是成功的种子……

11. 厄瓜多尔国花——白兰花

一、简介

白兰，在华南、西南及东南亚地区生长的常绿原生植物，一般可长至10米~13米的高度。白兰花是属于木兰科含笑属的乔木，是

由黄玉兰和山含笑自然杂交得到，同属的还有大约 49 种植物。其花形似黄葛树芽包，在西南地区还有黄葛兰的别名。在华南生长的常绿原生植物。常绿乔木，高达 17～20 米，树皮灰白，幼枝常绿，分枝少。单叶互生，叶较大，长椭圆形或披针椭圆形，全缘，薄革质。花单生于当年生枝的叶腋，其花蕾好像毛笔的笔头。白色或略带黄色，极香。花期 6～10 月，夏季最盛。

二、白兰花花语：

洁白无暇。

三、白兰花箴言：

花的美丽，要将美丽的善心散满人间；花的芬芳，要将芬芳的爱心传播社会；花的清净，要将清净的真心供养十方；花的彩色，要将彩色的好心与人结缘。人不如花，花也莫法

四、神奇药用

功效：温肺止咳，化浊。主治：治慢性支气管炎，前列腺炎。

五、古韵

（一）白兰花

幽谷流风动晓寒，危岩陡壁树相盘。
微吟秀气舒纤叶，半敛仙姿束玉纨。
落影萧萧君子意，冰心点点万民安。
悠然笑看人情味，自在清芬天地宽。

（二）七律·夏日赠余家白兰花

王淼琛

一树翠帷笼白玉，素颜掩映雪冰辉。
晨曦初见怡清露，晚月将升展秀眉。
不向桃花争艳色，偏逢杨子识奇瑰。
灌园栽剪殷勤意，报答馨香细细吹。

（三）题灵佑上人法华院木兰花

刘长卿

庭种南中树，年华几度新。
已依初地长，独发旧园春。
映日成华盖，摇风散锦茵。
色空荣落处，香醉往来人。
菡萏千灯遍，芳菲一雨均。
高柯倘为楫，渡海有良因。

语思：相遇，心绪如白云飘飘；拥有，心花如雨露纷纷；错过，心灵如流沙肆虐。回首,幽情如蓝静夜清。

六、气质美文

脱俗玉兰开心间

玉兰花一般在早春3月份开花。今年的3月底,我校的玉兰花伴着惬意的春光和还有些凉意的春风,绽开了美丽而又羞涩的花朵。

站在远处一看,总感觉玉兰花和莲花很像,只不过一个是树上的洁白一个是水里的红艳罢了。但是走近仔细观察,发现当它盛开时,花瓣展向四方,使树上洁白片片,白光耀眼;白玉兰花是简单而又纯粹的花儿,它有着玉一般的质地和高雅。

它高高地绽放在枝头上,没有绿叶,只是一朵又一朵白的有些清透的花瓣,在春阳下是如此的轻盈而又美好。阳春下,微风里,白玉兰树斜斜的伸展着枝干,无叶无绿,只是朵朵优雅宁静的绽放。那白的有些温润的花瓣,隐隐的带着些香气,虽不浓郁却也清新自然。

我喜欢如此优雅的白玉兰,它的花姿阿娜多姿,飘逸不浮,如依柳而立的女子。它那眉目清澈透着玉色的质地,盈润饱满,似有满腔的心事,对着深蓝色的天空,低吟倾诉,那神情多少带有一些淡淡的愁怨。看着白玉兰花,我就会想象着一位身着旗袍的江南女子,优雅动人,从古老的小巷移步而来,白色的衣服衬的她有些孤寂,细碎的步子轻柔的便醉了一地的风情。

这个时候如果轻轻的走过她的身边,就能够感觉到有玉的温润和馨香,淡定而又清晰,让人不去看着阳光就感觉到了温暖。白玉兰花的绽放是那么的不显山不露水,纯粹仿佛得连叶都多余,在那秃枝上，洁白的花萼，圣洁的精灵，高雅地绽开亭亭玉立，袅袅身姿，风韵独特，每一个花瓣上都凝着一层淡淡的从容。白玉兰花是优雅的开，沉静的落，它的绽放是那么的安静，它宠辱不惊，但每一朵花都可以渲染一份心情，一份雅致而又寂静的心事。

白玉兰花开了，开的如此的幽然美好。那是纯洁的花朵，恬静地开放，抹过一丁忽远忽近的淡淡的香。在冰冷的春寒中，高雅莹洁的白玉兰花开了，在这个季节里，总会有一些温暖藏在彼此的心中。再加上清香阵阵，沁人心脾，便一下招来了许多"小伙伴"。花开时异常惊艳，满树花香，花叶舒展而饱满，但值得珍惜的是它的花期十分短暂，但开放之时特别绚烂，好像代表一种一往无前的坚定决绝和从容优雅，带着寒冬气息的早春里，显得更加气质非凡。

这种树在校园里成长，似乎一直在鼓励着我们一代又一代的学生。玉兰经常在一片绿意盎然的树叶中开出大轮的白色花朵，伴随着那令人陶醉的芬芳，使人感受到一股无法描述的高贵气质。因为玉兰花在微风中摇曳，显得神采奕奕，宛若天女散花，十分可爱，给人一种春的感觉。

不知到了什么时候，我居然觉得光是用眼睛去欣赏太没有意思了，总是想用手去触摸它。但是，由于它株禾高大，开花位置较高，就算是个子偏高的我也很难触碰到。这种想碰却碰不到的情况更激发了我对于兰花的好奇心。终于有一天，机会敲响了我的大门。在植物园里，也同样长着玉兰花树，这棵树比学校的树稍矮一些，我掂起脚尖可以够到。已经陶醉在玉兰花的芳香中的我，冲动的用手碰了一下玉兰花。顿时，一种从未有过的凉意散发到我的手指上；一股十分浓郁的香气环绕在我的手指上；一阵无法表达的轻松布满在我的手指上。我高兴极了，我终于感受到了花朵的芳香——来自玉兰花的芳香。但我没有采摘，因为我不能中断这美，我不愿了结这可爱的生命。

"霓裳片片晚妆新，束素亭亭玉殿春。已向丹霞生浅晕，故将清露作芳尘。"睦石笔下的玉兰花的美我今天已经彻彻底底的感受到了。

12. 法国国花——鸢尾

一、简介

多年生宿根性直立草本。根状茎匍匐多节，粗而节间短，浅黄色。叶为渐尖状剑形，质薄，淡绿色，春至初夏开花。花蝶形，花冠蓝紫色或紫白色，花期4月~6月，果期6月~8月。根茎扁圆柱形，表面灰棕色，有节，节上常有分歧，节间部分一端膨大，另一端缩小，膨大部分密生同心环纹，愈近顶端愈密。

二、鸢尾花花语

爱的使者。

优美。

鸢尾花在中国常用以象征爱情和友谊，鹏程万里，前途无量明察秋毫。

欧洲人爱鸢尾花，认为它象征

光明的自由。鸢尾花颜色各异，意义深远。

红色鸢尾花寓意绝望的爱；

白色鸢尾代表纯真；

黄色鸢尾表示友谊长随、活泼开朗；

蓝色鸢尾是赞赏对方素雅大方或暗中仰慕；也有人认为是代表着宿命中的精致的美丽，可是易碎且易逝，当加倍珍惜。

紫色鸢尾则寓意爱意、吉祥与信仰者的幸福；

鸢尾爱丽斯（紫蓝色）：好消息、使者、想念你；

德国鸢尾（深宝蓝色）：神圣；

小鸢尾（明黄色）：协力抵挡、同心；

鸢尾是属羊的人生命之花，代表着使人生更美好。

三、神奇药用

活血祛瘀，祛风利湿，解毒，消积。用于跌打损伤，风湿疼痛，咽喉肿痛，食积腹胀，疟疾；外用治痈疖肿毒，外伤出血。

四、美好传说

（一）名字起源：鸢尾花，中文名来自于它的花瓣像鸟的尾巴，色泽鲜艳形态自然，还有说是这种植物的名字是由上帝的信使和联接地球和其它世界的彩虹而来的。

（二）爱丽丝在希腊神话中是彩虹女神，她是众神与人类的使者，主要任务在于将善良人死后的灵魂，经由天地间的彩虹桥带回天国，永驻天堂。至今，希腊人常在墓地种植此花，就是希望人死后的灵魂能托付爱丽丝带回天国，这也是花语——"爱的使者"的由来。鸢尾在古埃及代表了"力量"与"雄辩"。以色列人则普遍认为黄色鸢尾是"黄金"的象征,故有在墓地种植鸢尾的风俗,即盼望能为来世带来财富。

五、气质诗文

(一) 鸢尾花

(席慕容)

请保持静默

永远不要再回答我

终究必须离去

这柔媚清朗

有着微微湿润的风的春日

这周遭光亮细致

并且不厌其烦地

呈现着

所有生命过程的世界

即使是

把微小的欢悦努力扩大

把凝神品味着的

平静的幸福尽量延长

那从起点到终点之间

如同谜一般的距离

依旧无法丈量(这无垠的孤独啊这必须的担负)

所有的记忆

离我并不很远
就在我们曾经同行过的
苔痕映照静寂的林间
可是有一种
不能确知的心情
即使是
寻找到了适当的字句
也逐渐无法再驾御
到了最后
我之于你
一如深紫色的鸢尾花
之于这个春季
终究仍要互相背弃（而此刻这美于极度的时光啊，终成绝响）

（二）会唱歌的鸢尾花

舒婷

我的忧伤因为你的照耀，升起一圈淡淡的光轮。——题记

（1）

在你的胸前
我已变成会唱歌的鸢尾花
你呼吸的轻风吹动我
在一片叮当响的月光下
用你宽宽的手掌
暂时，覆盖我吧

(2)

现在我可以做梦了吗

雪地，大森林

古老的风铃和斜塔

我可以要一株真正的圣诞树吗

上面挂满溜冰鞋、神笛和童话

焰火、喷泉般炫耀欢乐

我可以大笑着在街道上奔跑吗

(3)

我那小篮子呢

我的丰产田里长草的秋收啊

我那旧水壶呢

我的脚手架下干渴的午休啊

我的从未打过的蝴蝶结

我的英语练习：I loveyou，loveyou

我的街灯下折叠而又拉长的身影啊

我那无数次

流出来又咽进去的泪水啊

还有，还有，不要问我

为什么在梦中微微转侧

往事，像躲在墙角的蛐蛐

小声而固执地呜咽着

(4)

让我做个宁静的梦吧

不要离开我

那条很短的街

我们已经走了很长很长的岁月

让我做个安详的梦吧

不要惊动我

别理睬那盘旋不去的乌鸦群

只要你我眼中没有一丝阴云

让我做个荒唐的梦吧

不要笑话我

我要葱绿地每天走进你的诗行

又绯红地每晚回到你的身旁

让我做个狂悖的梦吧

原谅并且容忍我的专制

当我说：你是我的！你是我的

亲爱的，不要责备我……

我甚至渴望

涌起热情的千万层浪头

千万次把你淹没

（5）

当我们头挨着头

像乘着向月球去的高速列车

世界发出尖锐的啸声向后倒去

时间疯狂地旋转

雪崩似地纷纷摔落

当我们悄悄对视

灵魂像一片画展中的田野

一涡儿一涡儿阳光

吸引我们向更深处走去

寂静、充实、和谐
（6）
就这样
握着手，坐在黑暗里
听那古老而又年轻的声音
在我们心中穿来穿去
即使有个帝王前来敲门
你也不必搭理
但是……
（7）
等等？那是什么？
什么声响
唤醒我血管里猩红的节拍
当我晕眩的时候
永远清醒的大海啊
那是什么？
谁的意志
使我肉体和灵魂的眼睛一起睁开
"你要每天背起十字架，跟我来"
（8）
伞状的梦
蒲公英一般飞逝
四周一片环形山
（9）
我情感的三角梅啊
你宁可生而又灭

回到你风风雨雨的山坡

不要在花瓶上摇曳

我天性中的野天鹅啊

你即使负着枪伤

也要横越无遮拦的冬天

不要留恋带栏杆的春色

然而，我的名字和我的信念

已同时进入跑道

代表民族的某个单项纪录

我没有权利休息

生命的冲刺

没有终点，只有速度

　　　　　（10）

像将要做出最高裁决的天空

我扬起脸

风啊，你可以把我带去

但我还有为自己的心

承认不当幸福者的权利

　　　　　（11）

亲爱的，举起你的灯

照我上路

让我同我的诗行一起远播吧

理想之钟在沼地后面侨乡，夜那么柔和

灯光和城市簇在我的臂弯里，灯光拱动着

让我的诗行随我继续跋涉吧

大道扭动触手高声叫嚷：不能通过

泉水纵横的土地却把路标交给了花朵

（12）

我走过钢齿交错的市街，走向广场

我走进南瓜棚、走出青稞地、深入荒原

生活不断铸造我

一边是重轭、一边是花冠

却没有人知道

我还是你的不会做算术的笨姑娘

无论时代的交响怎样立刻卷去我的呼应

你仍能认出我那独一无二的声音

（13）

我站得笔直

无味、骄傲，分外年轻

痛苦的风暴在心底

太阳在额前

我的黄皮肤光亮透明

我的黑发丰洁茂盛

中国母亲啊

给你应声而来的儿女

重新命名

（14）

把我叫做你的"桦树苗儿"

你的"蔚蓝的小星星"吧，

妈妈

如果子弹飞来

就先把我打中

我微笑着,眼睛分外清明地

从母亲的肩头慢慢滑下

不要哭泣了,红花草

血,在你的浪尖上燃烧

……

(15)

到那时候,心爱的人

你不要悲伤

虽然再没有人

扬起浅色衣裙

穿过蝉声如雨的小巷

来敲你的彩色玻璃窗

虽然再没有淘气的手

把闹钟拨响

着恼地说:现在各就各位

去,回到你的航线上

你不要在玉石的底座上

塑造我朴素的形象

更不要陪孤独的吉他

把日历一页一页往回翻

(16)

你的位置

在那旗帜下

理想使痛苦光辉

这是我嘱托橄榄树

留给你的

最后一句话

和鸽子一起来找我吧

在早晨来找我

你会从人们的爱情里

找到我

找到你的

会唱歌的鸢尾花

语思：柏拉图说，当我穿越田野的时候，我看到了这朵美丽的花，我就摘下了它，并认定了它是最美丽的，而且，当我后来又看见很多很美丽的花的时候，我依然坚持着我这朵最美的信念而不动摇。所以我把最美丽的花摘来了。这时，苏格拉底意味深长地说，这就是幸福。

13. 芬兰国花——铃兰

一、简介

又名君影草、山谷百合、风铃草，是铃兰属中惟一的种。原产北半球温带，欧、亚及北美洲和中国的东北、华北地区海拔850米~2500米处均有野生分布。也有以铃兰为名的日剧，一些动漫、游戏、轻小说中也有以铃兰为名的角色。铃兰落花在风中飞舞的样子就像下雪一样，因此铃兰的草原也被人们称为"银白色的天堂"。

二、铃兰花语

幸福归来,在友情交往中,铃兰历来表示"幸福、纯洁、处女"的骄傲,"幸福赐予纯情的少女"等美好的祝愿。

三、铃兰箴言

铃兰的幸福会来得格外艰难,并且伴随着隐约的宿命的忧伤。铃兰的守候是风中淡淡繁星若有若无的呢喃,轻细而幽静,只有心才能感应;铃兰的气质如同雨中女子坚定纯情的爱的信仰一般纯粹剔透,只有凝神才能浅尝。

如果你不能从夜风中感应轻如星辰叹息的铃兰暗香,又如何能循香而至,来到铃兰绽放的山谷?如果你不是倾心寻觅,怎能刚好在绽放之际走到它身边?铃兰的守候只为最有心的人,铃兰随风轻扣的乐声只有最爱它的人才能听见。为了获得真爱,铃兰在安静的山谷等待自己春天的到来……

四、神奇药用

强心,利尿。用于充血性心力衰竭,心房纤颤,由高血压病及肾炎引起的左心衰竭。

五、古韵

铃兰

莹洁胜如兰，幽居在山林。
虽有串串铃，何人听我音？

六、美好传说

传说，在繁茂的森林守护神圣雷欧纳德死亡的土地上，开出了小巧玲珑又暗香流动的铃兰。铃兰绽放在那块冰凉的土地上，就是圣雷欧纳德的化身。一串串精巧的小花，让人联想到，她是不是有一股抓住幸福的强烈意念呢？！

在古老的苏塞克斯的传说中，勇士圣雷纳德决心为民除害，在森林中与邪恶强大的巨龙奋力拼杀，最后精疲力竭与残忍的巨龙同归于尽。而他死后的土地上，长出了开白色小花犹如玉铃般摇曳着散播芬芳的铃兰。铃兰就是圣雷欧纳德的化身，凝聚了他的意志和精魂。因为这个传说，把铃兰花赠给亲朋好友，幸福之神就会降临到收花人的生活中。

而且乌克兰也有个动人的传说，说是很久以前有一位善良美貌的姑娘，痴心等待远征的爱人，思念的泪水滴落在林间草地，变成那风中摇曳如铃，呼唤爱人归来的铃兰。铃兰是古时候北欧神话传说中日出女神之花，是用来献给日出女神的鲜花。

七、气质美文

（一）铃兰呓语

只是因为
在这雨后的黄昏
我背起陈旧的行囊
穿梭时光的隧道
在流光的尽头
拾起落寞的画笔
蘸着浮想的彩墨
勾勒一株梦中铃兰
纯净卓雅的清姿
没有修饰的素颜
如月光中浮悬的
一串陶瓷玉铃
呢喃着春的浅唱
轻叩幽幽空谷
若近若离的兰香
如丝般地从心际
浅浅地漫过
假如，这清风般的宁静
注定要用心去守候
就把我的身影
留给晚霞的余晖

让心搭载云霞飞翔

回越千年的时空

然后，如空气般

轻触铃兰的叶梢

在万籁俱静中

聆听那一念念

轻吟浅唱的细语

如果说，梦中的铃兰

是传说中的女神

滴落丛林中相思的泪

我愿意饮下这

沉淀远古的香露

醉入千年的迷茫

然后把灵魂留在山谷

化作一只春蚕

吐尽一生情丝

缠守着这个

梦中的传说

（二）铃兰畅想

密林小路旁，铃兰正怒放。

像一串串白玉铃铛，

风儿把它摇晃。

我想那落花时节，

森林里会叮叮当当。

叮当叮当，叮当叮当，

阵阵清香。
密林小路旁，铃兰正怒放。
是谁把（那）天边的繁星，
碰洒在地上。
我想那夜的森林，
草丛中会闪闪发光。
星光星光，星光星光，
令人神往。
叮当叮叮当当，
叮当叮叮当当。

（三）幸福铃兰在飘香

巴黎的5月，是属于铃兰的季节。小小的白色花朵，如同一串摇响着幸福的铃铛儿悬挂在枝头，不是郁金香的国色天香，没有玫瑰的热烈绚烂，只是安安静静地立在绿色的叶片上，清丽温婉，而又不失一种理性的独立。她是5月巴黎灰暗天空下，一抹清新亮眼的风景。

铃兰又名"君影草"，这种有香味的小花，在法国的婚礼上常常可以看到。送一束铃兰给新娘，是表示祝福新人"幸福的到来"，大概是因为这种形状像小钟似的小花，令人联想到唤起幸福的小铃铛吧。那一束束密生的小花将头低垂、脸儿微含，一如串串的小铃铛在风中舞蹈，让人感觉好像听得见幸福的敲击声，清脆悦耳……故此，在巴黎的五月，每个女孩都会收到一束铃兰，那是对她们的美丽、贞洁与智慧的赞美，祝福她们早日寻找到人生幸福的所在。

于是我在想，没有收到铃兰的女孩，也不一定就忧伤吧。

西班牙的哲学家加塞尔说："在生命的过程中，先行的不是昨天和今天！生命这种活动是以明天为先导的……生命始于未来！"人们总是在想着明天，想着未来，因为幸福总是在彼岸。当我们在此刻感觉不到幸福时，总是将可能希冀在未知的时间里。铃兰愈幽香，令人愈沉醉，危险也就愈加几分。幸福愈美妙，相隔愈遥远，诱惑愈有力，愈让人无怨无悔心醉神往。在希望与失望的落差中，人们只会责怪自己的步伐不够快，心意不够虔诚，又有多少人明白是自己将铃兰想象得太美好？

我不禁又想起照片里的那株铃兰，一片碎瓦，些许泥草，便能让她亭亭玉立，无所凭待，自在地吐露着智慧的馨香与自信的芬芳，这不正是庄子所说的"逍遥游"的境界吗？难怪铃兰在中国又名"君影草"——生长在沟谷林下，藏于寂寞深山，与幽兰相伴，花自芬芳。山谷荫翳，不以寂静而自调；藏于深山，不以无人而不芳，正是"君当如兰"的寓意。

你看啊，这株纤细、柔美的铃兰，弥漫着优雅的气质。当林间的微风轻轻掠过，她将引领着你回到生命中最难忘的那一个五月的春天。她的香味，茫然又幽静，若有若无，似乎太高贵而不易接近，怀着温婉又无忧无虑的浪漫情怀，缓缓绽放着迷人的气息。

此时，我感到我身体里的春天在苏醒，似乎看到了铃兰花开放在风中，低垂着头摇曳的模样，它对我说："花会在春天开放，亦会凋零，只有幸福长久不变。"

14. 古巴国花——姜花

一、简介

姜花，又名野姜花，别名蝴蝶姜、穗花山奈、蝴蝶花、香雪花、

夜寒苏、姜兰花、姜黄,是蘘荷科姜花属的淡水草本植物,高1米~2米,盆栽可供观赏,白色花卉如蝴蝶,所以又称蝴蝶姜、白蝴蝶花等。原产亚洲热带,印度和马来西亚的热带地区,大概在清代传入我国。姜花花序为穗状,花萼管状,叶序互生,叶片长狭,两端尖,叶面秃,叶背略带薄毛。不耐寒,喜冬季温暖、夏季湿润环境,抗旱能力差,生长初期宜半阴,生长旺盛期需充足阳光。土壤宜肥沃,保湿力强。姜花有清新的香味,放于室内可作天然的空气清新器。另外,姜花是古巴的国花。

二、姜花花语

将记忆永远留在夏天。

三、神奇药用

《本草蒙筌》:郁金、姜黄两药,实不同种。郁金味苦寒,色赤,类蝉肚圆尖;姜黄味辛温,色黄,似姜瓜圆大。

四、美好传说

姜花常被认为是巨蟹座的守护花,带来居家的幸福因素,可提供舒适的生活意境。因为形似蝴蝶,只有一天寿命,开放时便颇有种凄凉惟美之感。原产于印度，绿色中星星点点的白花，飘浮着沁人心脾的芬芳，仿佛远离尘世的高洁雅士。

　　一个人最好的状态就是如同姜花的花语，永远将记忆留在夏天。生命就是这样，在千山万水中走过，不需要更多的语言，只请轻轻地道一声：原来你也在这里啊。爱，便在这一声中注满。这或许就是人生的幸福。幸福是什么呢？是一种无法言说的微妙体验，是命运的缘分。

五、气质美文

（一）姜花

爱它的恬淡，它的简单，
它的与世无争，情有独钟。
秋夜是寂寥而清冷的，
在黑色的天空和月亮之间，
有明显的缝隙，
渗漏不可言喻的沉默。
这样的缝隙，
对于一束姜花，
已经足够宽敞。
它缓缓地绽放，
像挣脱命运松绑
每片花瓣都染上月亮的冰凉
撞破月光涌动的水面
是为了向你展示

被泪水浸了又浸，那素气的白

是为了向你展示

被思念染了又染，那淡淡的香

而你将会在冰凉中

逐渐

感觉我的静香脉脉

（二）又见姜花

洁白芬芳的花朵是拉开夏天舞台的帷幔。南方的花期来得早，花谢得也快。生活在这个季节暧昧的城市，仿如走在时间前面。

写下的字，是时光忘记带走的证据。忧喜悲欢都是生命存在的证据。

逝去的光阴，不再的心情以及那些遗失的记忆，是生命之河随波逐流的幻觉。它们映照不到真实，没有答案。

如夏天白色花朵，它们静静地开，静静地谢，一缕香魂悠然飘散天地间，不问花期长短，不问有没有人欣赏和赞叹。它们不需要答案。自生自灭，随缘随意，自在从容。

栀子花开之后，白兰，姜花，然后是茉莉花开。我爱这些洁白芬芳的花，如爱着一种清淡如水，淡若云烟，清净淡雅的情怀。

张爱玲在《沉香屑》中描写，薇龙初次到梁家，看到景泰蓝方樽里，插着大篷的小白花骨朵，像是晚香玉。而亦舒的小说里，也总有这样的场景：雪洞似的房子，高高的天花板上垂着盏水晶灯，随风叮叮作响，茶几上，一只水晶大瓶，瓶里，一大束姜花。她细长的杆和生姜翠绿的姜杆极为相似，顶部的花苞还有层翠绿的外衣。待放的花骨朵会冲破绿意的束缚，细长的花苞越伸展颜色越淡，最后绽开的时候已经完全褪去了米白的初色，出落成纯白的花。

香味淡淡的,却很持久。始终觉着和栀子花的气质很接近,清丽却不娇贵,桀骜而让人怜惜。落雨的初秋,抱一大束,在胸前,别样的感受。

6月,又见姜花。如遇故人,内心欢喜,无言以对。

雨天,在街边花农的箩筐里,看到一扎扎洁白花朵,绿叶青翠,根茎挺直。

狭窄通道,熙攘拥挤,我还来不及停下脚步稍作停留,买花的妇人早已将一扎姜花递到我面前,笑吟吟道:"美女,买下吧,最后两扎算你便宜一点。"我点头,一手撑伞,一手接过她手中的花朵,抱在胸前,犹如拥抱久别重逢的故人。

久违了熟悉的那缕清香,扑鼻而来。仿如一种思念,不期而至,模糊又清晰。

回家找出空置花瓶,注入清水灌溉。分一扎置放楼下客厅花瓶,另一扎置放房间。屋子的每个角落花香弥漫。午后,雨停歇,光芒倾洒。将花瓶置放阳台,用相机把它们绽放的姿态拍下来。洁白花瓣轻盈如蝶翩跹天地间。我要记住它盛放时的清净之美。

即使,有一天它在我眼前慢慢凋零颓败,我心中应是不忧不伤。是的,我已不忧不伤。不再为凋零而哭泣。

我只要记住彼此相伴的时日,曾是如何的短暂又美丽;又是如何的触动我心扉,令我心醉神迷。如我知道,姜花为何那么凉。

有些花,盛放一时,足可使人怀恋一世。

等待一朵花开的时间,只要心甘情愿,便无怨无悔。

万紫千红开遍,赏心只需三两枝,三两枝足以让精神的庭院清香满园。

俗世喧哗,以红尘一隅守护一份心灵的宁静,如姜花一样悠然绽放，拥有一种宁静之美。

我知道，在清静的世界里，一切浮名虚利，只会是捆绑灵魂飞翔的缰绳。越是追名逐利，越是作茧自缚，一些清淡的幸福因为那份俗世光圈的笼罩而失色暗淡，而盲目迷失。

我只珍惜俗世里一份情暖，一种静好。无言深爱，不张扬不喧哗，独自品味幸福的滋味。

又见，姜花。一切，安好。

15. 韩国国花——木槿

一、简介

木槿又名无穷花，是一种在庭园很常见的灌木花种。为锦葵科木槿属植物木槿。在园林中可做花篱式绿篱，孤植，丛植均可。木槿种子入药，称"朝天子"。它是韩国的国花，在北美洲又有沙漠玫瑰的别称。

二、木槿花的花语

坚韧、质朴、永恒、美丽。

三、木槿的箴言

温柔的坚持

槿花朝开幕落，惟美而短暂，然而凋谢都是为了更绚烂地开放。就像太阳落下又升起，就像春去秋来四季轮回，却是生生不息。

更像是生命，也会有低潮，也会有纷扰，但懂得爱的人仍会温柔的坚持。因为他们懂得，起伏总是难免，但没有什么会令他们动摇自己当初的选择，信仰亘古不变。

四、古韵

（一）王中丞宅夜观舞胡腾

刘言史

石国胡儿人见少，蹲舞尊前急如鸟。织成蕃帽虚顶尖，
细氍胡衫双袖小。手中抛下蒲萄盏，西顾忽思乡路远。
跳身转毂宝带鸣，弄脚缤纷锦靴软。四座无言皆瞪目，
横笛琵琶遍头促。乱腾新毯雪朱毛，傍拂轻花下红烛。
酒阑舞罢丝管绝，木槿花西见残月。

语思：风一更，雪一更，聒碎乡心梦不成，故园无此声。家，扯痛了大片的思念，沿着自己的轨迹，掉入思乡的深渊，无法逃脱。

（二）寄题巨源禅师

薛能

风雨禅思外，应残木槿花。何年别乡土，一衲代袈裟。

日气侵瓶暖，雷声动枕斜。还当扫楼影，天晚自煎茶。

语思：格局，决定一个人的走向，一个人的关注点，决定了他的格局。

（三）槿花

李商隐

风露凄凄秋景繁，可怜荣落在朝昏；

未央宫里三千女，但保红颜莫保恩。

语思：君主恐美人迟暮，诗人却心怀天下，不能变心而从流，故将愁苦而终穷。

（四）木槿诫

木槿朝开而暮落，其为生也良苦。与其易落，何如弗开？造物生此，亦可谓不惮烦矣。有人曰：不然。木槿者，花之现身说法以儆愚蒙者也。花之一日，犹人之百年。人视人之百年，则自觉其久，视花之一日，则谓极少而极暂矣。不知人之视人，犹花之视花，人以百年为久，花岂不以一日为久乎？无一日不落之花，则无百年不死之人可知矣。此人之似花者也。乃花开花落之期虽少而暂，犹有一定不移之数，朝开暮落者，必不幻而为朝开午落，午开暮落；乃人之生死，则无一定不移之数，有不及百年而死者，有不及百年之半与百年之二三而死者；则是花之落也必焉，人之死也忽焉。使人亦知木槿之为生，至暮必落，则生前死后之事，皆可自为政矣，无如其不能也。此人之不能似花者也。人能作如是观，则木槿一花，当与萱草并树。睹萱草则能忘忧，睹木槿则能知戒。木槿者，花之现身说法以儆愚蒙者也。

赏析：

夏日，又到了木槿花开的季节，7月，木槿花绽放了，那一树凝若玉脂的洁白，宛如悬挂在树上乖巧般的精灵，带着清幽的气息，随风荡漾，轻盈幽雅；那一树静默而淡淡的浅紫，藏着丝丝心灵的咏叹，温柔婉约！

走在木槿盛开的路上，温润的晚风，带着阵阵清爽，摇曳着木槿。木槿对夏的痴情胜过头顶那轮骄阳，在明艳的阳光里，不停消逝。夏季里猝不及防的雷雨劈打下来，麻利地扯下了大片落英，木槿花瓣还来不及在风中旋转出一个曼妙的身姿，就和着急促的雨滴应声落地，被溅到瓣心的泥水逐一埋没。

木槿花又叫朝开暮落花，顾名思义，木槿的花就是一天的寿命，每天清晨开花，黄昏枯萎掉落，但是，在它的每一条花枝上，总是有源源不断的花蕾在时刻准备着，旧的天天落、新的天天开，从每年的5月一直到10月，花开花落，从不停息。如果累计起来的话，一棵木槿树在一个花季所开的花朵，竟能达到上万甚至几万朵之多！意思是木槿花早上开晚上落，生命够短暂凄苦的，与其这样容易凋落，是不是还不如不开？人生苦短，时不我待。

五、清新美味

（一）木槿砂仁豆腐汤

材料：白木槿花10朵~12朵，阳春砂仁1克，嫩豆腐250克，细盐、味精、香油、姜末各适量。

做法：热锅，加花生油烧八成热，放入阳春砂仁和生姜末炒出香味，捞去渣，加清水500克，放入豆腐片煮开。木槿花去蒂洗净，投入锅内再煮沸，加入细盐、味精调好味，淋香油少许即成。

疗效：食之花香，豆腐纯清，香甜可口，具有治疗风痰，反胃，痔疮便血的功效。

（二）木槿花鲫鱼

材料：木槿花15朵～20朵，鲫鱼2尾，大葱500克，猪板油100克，姜、盐、料酒、醋、白糖、酱油、猪油、花生油各适量。

做法：鲜木槿花去蒂，取花瓣洗净，切成粗丝。将鲫鱼剖洗干净后再用清水洗净血污，剁去鳍，并在鱼身两面直刀划几下，抹上酱油放入盘中待用。大葱洗净理齐，葱白切7厘米长的段，再一剖两半，剩余的葱收好备用。猪板油切成似豆瓣的方丁。烧热锅，下入花生油，油五成热时，将抹上酱油的鲫鱼放入油锅内炸呈浅黄色捞起，放入盘中待用。另取一锅洗净，锅底垫入剩下的葱和姜丝，鱼放在上面，葱白码在鱼上，板油丁撒在上面，加入料酒、盐、酱油、白糖、清水，要漫过鱼身，大火烧开，移到小火焖约1小时，再用大火，放入猪油、木槿花瓣、味精，调好味收汁，加少许醋，装盘即成。色浅黄，食之味香，鱼鲜，清嫩。

疗效：具有健脾利湿的功效。适用脾胃虚弱，肠风赤白痢疾，便血，水肿，湿症，皮肤病等症。

（三）酥炸木槿花

材料：木槿花250克，面粉250克，植物油500克，发面50克，精盐、味精、碱水、葱各适量。

做法：槿花洗干净，沥水；葱洗净切成丝。将发面50克先用少量温水泡开，面粉250克加水搅拌成糊，静置发酵3小时左右，使用前投入少量花生油及碱水拌匀，再加入木槿花、葱丝、精盐、味精拌匀,锅放置旺火上,放入植物油烧至七成热时,取挂上糊的木槿花放入炸酥,即可。

疗效:食之松脆可口。用于治疗反胃、便血等症。

(四)木槿花粥

材料:木槿花10朵,粳米100克,白糖适量。

做法:将木槿花拣净,再用清水漂洗干净,粳米淘洗干净。取锅放清水、粳米,煮至粥成时,加入木槿花、白糖后再微沸二三次即成。

疗效:食之清爽可口,具有清热、凉血、止痢的功效。

16. 老挝国花——鸡蛋花

一、简介

鸡蛋花,别名缅栀子、蛋黄花,夹竹桃科、鸡蛋花属。原产美洲。我国已引种栽培。落叶灌木或小乔木。小枝肥厚多肉。叶大,厚纸质,多聚生于枝顶,叶脉在近叶缘处连成一边脉。花数朵聚生于枝顶,花冠筒状,径约5厘米~6厘米,5裂,外面乳白色,中心鲜黄色,极为芳香。花期5月~

10月。鸡蛋花夏季开花,清香优雅;落叶后,光秃的树干弯曲自然,其状甚美。适合于庭院、草地中栽植,也可盆栽,可入药。

二、鸡蛋花花语

孕育希望,复活,新生。

三、鸡蛋花箴言

花期是5月到10月,它没有神秘的传说,没有优雅的气质,高贵的芳姿,却有着很简单的外表——用5片花瓣组成了一个清新,充满希望的花语。简单平凡得就像人生,所以总是可以与人们那么靠近,失去距离……

四、神奇药用

鸡蛋花是广东著名的凉茶五花茶中的五花之一,性凉,味甘、淡;归大肠、胃经,具有润肺解毒、清热祛湿、滑肠的功效。如《岭南采药录》说它能"治湿热下痢,里急舌重,又能润肺解毒"。

五、清新美味

鸡蛋花苦瓜猪肉汤

鸡蛋花是广东著名的凉茶五花茶中的五花之一,性凉,味甘、淡;归大肠、胃经,具有润肺解毒、清热祛湿、滑肠的功效。如《岭南采药录》说它能"治湿热下痢,里急舌重,又能润肺解毒"。

苦瓜虽苦，但苦味性凉，暑热日时吃后倍感凉爽舒适，有清心开胃的效果。

材料：鸡蛋花25克、苦瓜500克、猪瘦肉400克、生姜3片。

做法：鸡蛋花洗净；苦瓜洗净，切开去瓤仁，切为片状；猪瘦肉洗净，整块不用刀切。在瓦煲内放进生姜和清水2000毫升（约8碗水量），武火煲沸后加入苦瓜和猪瘦肉、鸡蛋花，滚后改为文火约煲1个小时，调入适量的食盐和生油便可。此量可供3人~4人用，苦瓜和猪瘦肉可捞起拌入酱油佐餐用。

六、古韵

鸡蛋花

五月芳香暖，兰苑露清妍。满庭春锦逐流烟。

玉楼妆树，黄攒翠莺前。

花里花外踱，持谢红嫣紫舞，一任风缘。

画屏山上何处？不识月池泉。天涯芳草赋幽弦。

飞云暗渡，塔树佛香虔。

依稀轩窗静，寂寞深院，绿茵烟雨绵绵。

七、气质美文

鸡蛋花的正能量

欣赏它，每当春夏之交，大地回暖之时，它便从悠长几个月的沉睡中醒来，在放下了一切叶子而积蓄长长一个冬季的能量之后喷薄而出，这种放下了一切而储蓄的能量是非常惊人，即便叶子没能长得很大很多很繁华，只要花开的气候到了，它就能够把名符其实的鸡蛋花绽放出来，重复与初夏5月的见面约定。

这种情形，我亲眼见过，那是5月的某一天，我像往常一样下班回家，路上就发现了几株鸡蛋花在初夏的季节里已经绽放了美丽的花朵，显然因为刚刚恢复沉睡的它还没有那么快长出很多的绿叶，看上去它就只有树干和花朵，惊叹于它的这种能量和如季而至的坚守承诺的品格。

据说，鸡蛋花被佛教寺院定为"五树六花"之一而广泛栽植，故又名"庙树"或"塔树"，在庙堂寺院之中经常会见到它经历沧桑轮回而依然守候僧侣经书。这一点又赋予了它宗教般的神圣。鸡蛋花，还可入药，有清热解暑、清肠止泻、止咳化痰之功效。是广东著名的凉茶五花茶中的五花之一，也是是热情的西双版纳傣族人招待宾客的最好的特色菜。在热带旅游胜地夏威夷，人们喜欢将采下来的鸡蛋花串成花环作为佩戴的装饰品，因此鸡蛋花又是夏威夷的节日象征。

去年，我在老家也种了两株鸡蛋花，其中一株虽然经历过一次半腰折断的痛苦，但是今年初春它又从断枝处焕发生机，再生了新的枝叶；而去年断下的树干将其埋在旁边后在今年初春重新获得了生命，从枝条的节点处冒出了新芽，重生成了另外的新的一株鸡蛋花。

现在，3株鸡蛋花长势良好，最初种下的两株均生长快速，不管是一直健康成长的这株，还是中间遭受拦腰折断的那株，都在这繁叶中开出了花朵。这又让我见证了它的奇迹，感慨于它的能量。

多么骄傲的鸡蛋花，尽管现在已是冬天，但经历过风风雨雨的它，对这样的冬天，根本没有什么惧怕，难道不是吗？你看它在枝头上，寒风从它身边过，它怒放花儿迎着，冷雨往它身上打，它依然将花儿摇曳，在这样的冬天里，敢于傲然挺立于枝头，敢于将花儿怒放出来。难怪外地的候鸟，都爱海南，这些鸡蛋花，其实也一样，它从外国越洋而来，到了海南一样喜欢海南，更换了生长的土地以后，它不但能坚持原来的花期按时开花，还愿意为海南的大自然反季节开花。

它有一种放下的能量。冬天，它放下所有繁叶，是为了夏天的密叶与鲜花，是为了积累能量，让夏天的叶更大，花更香，为此，它宁愿承受在人们面前"脱光之难堪"的风险，宁愿忍受在漫漫寒冬"无片叶遮体之痛苦"的折磨，也要放下，这种放下令它获取更多，收获更多。

人，也要懂得放下。放下是一种生活的哲学，放下是一种大彻大悟的行动，放下是一种人生的享受。我们背负过多压力，过多包袱，过多欲望；我们不断追求名誉、权利、金钱，这时候，懂得放下，才能轻装上阵，走得更远更直；懂得放下，才能明辨取舍，获取真正所需；懂得放下，才能积累能量，应对重重困难。舍得，有舍有得，今时放下是舍，来时前路是得。即使今时"断枝失去"之舍，也会迎来"断枝再生"之得，甚至获得"断枝重生"之得。

17. 利比亚国花——石榴

一、简介

石榴花，落叶灌木或小乔木石榴的花；为石榴属植物，石榴树干灰褐色，有片状剥落，嫩枝黄绿光滑，常呈四棱形，枝端多为刺状，无顶芽。石榴花单叶对生或簇生，矩圆形或倒卵形，新叶嫩绿或古铜色。花朵至数朵生于枝顶或叶腋，花萼钟形，肉质，先端6
裂，表面光滑具腊质，橙红色，宿存。花瓣5枚~7枚红色或白色，单瓣或重瓣。石榴花常用扦插、分株和压条繁殖等种植方法。其具有收敛止泻，等药用价值，可做成炒石榴花等菜肴。

二、石榴花花语

成熟的美丽、富贵、多福多寿、子孙满堂、兴盛红火、生机盎然。

三、神奇药用

食用功效：收敛止泻，杀虫，止血，润肺止咳。主治虚寒久泻，肠炎，痢疾，便血，脱肛，血崩，绦虫病，蛔虫病。花：治吐血、衄血。外用适量治中耳炎。叶：治急性肠炎。石榴，酸涩，性温，有润肠止泻，止血，驱虫的功效。

四、古韵

（一）题山石榴花

白居易

一丛千朵压阑干，翦碎红绡却作团。

风袅舞腰香不尽，露销妆脸泪新干。
蔷薇带刺攀应懒，菡萏生泥玩亦难。
争及此花檐户下，任人采弄尽人看。

（二）病中庭际海石榴花盛发，感而有寄

皮日休

一夜春光绽绛囊，碧油枝上昼煌煌。
风匀只似调红露，日暖唯忧化赤霜。
火齐满枝烧夜月，金津含蕊滴朝阳。
不知桂树知情否，无限同游阻陆郎。

（三）憩冷水村，道傍榴花初开

杨万里

蒨罗绉薄剪熏风，已自花明蒂亦同。
不肯染时轻着色，却将密绿护深红。

五、气质诗文

5月是石榴花开的季节，"微雨过，小荷翻，榴花开欲燃。"俗称农历5月是榴月，5月盛开的石榴花，艳红似火，有着火一般的光辉。唐代诗人白居易有诗云："日射血珠将滴地，风翻火焰欲烧人。"写石榴花在阳光下，在夏风中，如血珠滴地，火焰烧人，真是气势不凡。杜牧的《山石榴》别出心裁："似火石榴映小山，繁中能薄艳中闲。一朵佳人玉钗上，只疑烧却翠云鬟。"小山上如火的石榴在繁花中有着闲雅之态，姑娘用玉钗把一朵石榴花插上发髻，增添娇艳，那赤红如火焰的石榴花，就要烧着她乌黑的发髻，真是别出巧

思。曹植把石榴花开比喻成美丽的少女："石榴植前庭,绿叶摇缥青。丹华灼烈烈,璀璨有光荣。"南宋戴复古在《山村》中也写到石榴花："山崦谁家绿树中,短墙半露石榴红。萧然门巷无人到,三两孙随白发翁。"山林深处,绿树掩映,榴花似火,寂静门巷,皓首老翁,天真幼童,诗人把山村人家平淡宁静的生活写得充满情趣,而那幽静中显出热烈来的,惟有火红的石榴花了。明代蒋一葵在《燕京五月歌》曰"石榴花发街亦焚,蟠枝屈朵皆崩云。前门万户买不尽,剩将女儿染红裙。"唱出石榴花艳红夺目,还可漂染女儿裙。苏舜钦在《夏意》中写"别院深深夏草青,石榴开遍透帘明。"幽深的庭院,绿草青青,透过竹帘,看到一树明艳的石榴花。而李商隐把相思融入石榴花中,"曾是寂寥金烬暗,断无消息石榴红。"内心的寂寥与失望,巧妙地化为外部景物,体现传统古诗情景交融、物我交融的意境。8月是石榴成熟的季节。石榴有"九州岛奇果"之誉,沉甸甸的石榴将枝头压得下垂,皮皱嘴裂露出一排排鲜艳的籽实,粒粒晶莹玉润,酸甜可口。宋代诗人杨万里有诗云："雾壳作房珠作骨,水晶为粒玉为浆"。形象地描绘了石榴的晶莹透明、酸甜可人的特点,让人垂涎欲滴。

六、气质美文

（一）石榴

那不是经年的约定
是春天的手点染的意蕴
一点点挂满枝头
那不是欲念的膨胀

是渴望结晶的红云
亮出了火焰般的明媚
没有人能够阻止的怒放
让绚丽的洁净美艳得无加复述
没有人能够拒绝回眸
甚至,没有人可以断言
小小的拳头
将演变成为怎样滋味的果实
也许暗紫,也许绯红
也许从此心无旁骛
在午后的风中凋零
圆圆的呓语般的红唇
吻过青枝斑斓
我的酸甜世人皆知
有谁等到我怦然心动
喋血枝头
摔开这人间真味

(二) 石榴红似火

每年春天,石榴很晚才从枝头上长出嫩的小芽,接着又长出了嫩绿的叶子,小小的叶子一片一片的,微风吹来,摇摇摆摆的,就像一个个仙子在跳舞。小鸟飞来,落在枝头,唧唧喳喳,使寂静的小院平添了几分闹意。石榴树抽枝发芽长叶,不但让人感受到诗人笔下枯木逢春的意境,更给人一种老朋友久别重逢的感觉,或许说那是一种久违的惬意。

石榴的叶虽没有柑柚那么绿,也没有桃树、龙眼那么密,但石榴的花非常的繁茂，繁茂的足够让人心花怒放，醉目神迷。花的繁茂不是一股脑儿的，是一朵接着一朵不断地开出来的，它开得那么娇艳，那么浪漫，那么无拘无束，直到满树都是它们的倩影。每到石榴花开的季节，我都喜欢独自一人到石榴树下看花。站在石榴树下，天空如洗，石榴花有的羞涩的打着朵儿，像少女未开启的丹唇，掩映着自己全部的内涵与纯洁；有的欲绽含收，透出"犹抱琵琶半遮面"的古典美；有的肆无忌惮地开放着，轻柔的花瓣如沐春风。我喜欢白天看花，更喜欢雾里看花。雾里看花，喜上眉梢。然而一场风雨过后看花，更是一种美丽的期待、别样的情趣！

5月正是石榴花竞相绽放的季节。此时百花早已凋谢，惟独石榴花一枝独秀。有诗曰"五月石榴似火"。王安石对石榴的描写是："浓绿万枝红一点，动人春色不须多。"可见石榴花大多是红色的。然而，我家的石榴花是白色的。白色石榴花虽没有红色石榴花那么热烈，但白色石榴花是素洁、庄严的，也是永恒和神圣的。当你看到盛开的白色石榴花时，你的心胸似如洗的天空，洁白无暇。白色石榴花还带给人无限的追思，使人看到生命的珍贵，懂得生命的意义。白色石榴花落在地上，让人仿佛走过一个秋，走过一个冬，又走过一个秋，又走过一个冬，走过一个个生命的轮回，心中的没落悲伤逐渐淡忘，进而实现的是人生新的跨越。

石榴花是富贵的象征。在很多家庭的庭院里都栽种有石榴树。它娇丽多姿，每天给主人带来幸福和美满。它火红又洁白、热情又奔放，那种吉祥是多少代人日积月累的结晶。置身其中，你就会把石榴树的富贵留在身边，留在我们生活的每一个窗口，取一朵插上云鬓，那种美丽和飘逸自是不必说了，古人有拜倒在石榴裙下之说，把石榴比喻成美丽的女子，说的是石榴花的富贵。

石榴的果是殷实的。石榴花落下来后，很快一个一个6角星的后面背负着一个个青绿色小椭圆型的果实缀满枝头,有点像葫芦的上半部。渐渐地 6 角星由橘红色变成绿白色,花蕊也渐渐地枯萎。忽然有一天你发现"小葫芦"渐渐地变圆。每年的九十月份,是石榴成熟的季节。一场秋雨过后,石榴裂开嘴笑了,露出幸福的牙。这时,我用一个空可乐锡罐捆绑在竹杆的一端制成摘石榴的笅,用笅对准石榴果向上一捅,石榴果就掉在笅里了。我小心的把桶下面的榴果掰开,只见一颗颗晶莹剔透、宛若红宝石般的石榴籽映入眼帘。光滑的石榴粒浸泡在酸甜的汁液里,诱人去品尝。轻轻地咬上一口,石榴粒伴随着唾液徐徐滑入喉咙,甜滋滋,酸溜溜,真正是纯天然的果汁,又像饮了琼浆玉液一样满心愉悦。吃着榴果,感慨人生就像石榴果一样,酸甜相融,令人回味。

　　石榴是生命力很强的。不管环境多么恶劣,它都默默无闻的生长着。严冬,生机不在,石榴在庭院,或许在干涸的沙地里或在石缝中顶着凛冽的寒风,在漫天的白雪里轻舞,它在聆听春的脚步,等待着春的到来。它钢筋铁骨般的身躯,弯曲的就像拉开的弓弦。它蓬勃而又顽强的生命力,使人的情绪无不受到极大的感染,也使人内心深处似乎受到了一种强烈的冲击和震撼。

　　我喜欢赏石榴花,喜欢吃石榴果,更喜欢石榴的品质。

18. 罗马尼亚国花——狗蔷薇

一、简介

　　狗蔷薇这种生长于树篱与杂林丛的灌木,花期从早春一直开到秋末。花朵有一股甜甜的清香，狗蔷薇从白到深粉红蔷薇都有。几个世纪以来，狗蔷薇早已被列入一般药典中。由于狗蔷薇并不能治愈疯狗咬过的伤口，因此，无从解释它的植物名称由来。果实含丰富维他命C。狗蔷薇在欧
洲是一个常见的品种，属于灌木植物，枝茎呈弓形或者是蔓生；小叶用于外敷可治疗创伤；花朵为花白蔷薇或粉红蔷薇，单生或簇生；蔷薇果为朱红蔷薇，是制作果酱、糖浆、茶和甜酒的主要原料。

二、狗蔷薇花语

红色—热恋。

粉色—爱的誓言、美丽的邂逅。

黑色—绝望的爱。

蓝色—不可能、梦幻美丽。

白色—纯洁的爱情。

黄色—永恒的微笑。

深红色—只想和你在一起。

粉红色—相伴一生。

血色—破碎的爱情。

绿色—纯真朴素。

紫色—禁锢的幸福。

三、狗蔷薇箴言

我是幸福的,因为我爱,因为我有爱。——白朗宁

四、神奇药用

《别录》:止泄痢腹痛,五脏客热,除邪逆气,治恶疮,金疮伤挞,生肉复肌。

《日华子本草》:治热毒风,牙齿痛,治邪气,通血经,止赤白痢,肠风泻血。

《纲目》:除风热湿热,缩小便,止消渴。

《现代实用中药》:芳香健胃。

《上海常用中草药》:清暑热,顺气和胃,解渴,止血。

五、古韵

(一)游城南

韩愈

榆荚车前盖地皮,蔷薇蘸水笋穿篱。

马蹄无入朱门迹,纵使春归可得知。

赏析:庄前景物,一片初夏风光,榆荚车前,蔷薇水笋。四种植物交会,有点眼花缭乱,马蹄无迹,朱门清净,纵使春归,也不得知主人归未?全诗清新自然,毫无造作之感。

（二）山亭夏日

高骈

绿树阴浓夏日长，楼台倒影入池塘。

水晶帘动微风起，满架蔷薇一院香。

赏析：首句起得似乎平平，但仔细玩味"阴浓"二字，不独状树之繁茂，且又暗示此时正是夏日午时前后，烈日炎炎，颔联写诗人看到池塘内的楼台倒影。"入"字用得极好：夏日午时，晴空骄阳，一片寂静，池水清澈见底，映在塘中的楼台倒影，诗人用"水晶帘动"来比喻这一景象，形象而逼真——整个水面犹如一挂水晶做成的帘子，被风吹得泛起微波，在荡漾着的水波下则是随之晃动的楼台倒影，非常美妙。诗的最后一句又为那幽静的景致，增添了鲜艳的蔷薇彩，充满了醉人的芬芳，使全诗洋溢着夏日特有的生气。"一院香"，又与上句"微风起"暗合。诗写夏日风光，用近似绘画的手法：绿树阴浓，楼台倒影，池塘水波，满架蔷薇，构成了一幅蔷薇彩鲜丽、情调清和的图画。

六、美好传说

相传很久以前，在山脚下，住着一户人家，姑娘名叫蔷薇，父亲早年去世，她和母亲相依为命，艰难度日。邻居青年阿中，善良，热情，常帮助蔷薇砍柴、挑水，日久天长，两人互相爱慕，私订了终身。

有一年，皇帝下旨，选美人进宫，蔷薇因为美貌被选。姑娘听闻，当即昏厥。官吏逼迫，要带人进京。母亲苦苦哀求，才答应推迟两天。好心的乡亲们暗中告诉蔷薇，躲进深山，如官府要人，就说患急病死了。

谁知此事走漏了风声,被贪财的人向官府告了密。县官上奏朝廷,皇上大怒,下令追捕,活着要人,死了要尸。阿中和蔷薇奋力逃奔。但步行怎逃得过骑马的追兵。耳闻马蹄声已近,为了不牵累阿中,蔷薇毅然跳下了万丈山崖。阿中悲痛万分,亦随着跳下。追兵搜巡,在山崖下寻到了两具尸体,运回京城。皇帝又气又恨,命人浇油烧尸,但烧了一昼夜,尸体和皮肤完好无损。皇帝气急败坏又命人举刀碎尸,但钢刀却砍不进。皇上恼羞成怒,下令抛入大海,可尸体却不沉。此时,百姓怨声载道,有胆大之士敢骂皇上是凶残的昏君色魔。皇帝不敢再继续作孽,命人打捞尸体,合葬于天目山下。

不久,那座新坟上长出一株美丽的花,花茎上长着许多刺。人们都说这花是蔷薇姑娘所变,花刺乃是阿中为保护蔷薇而生,为纪念这对恋人将花取名"蔷薇"。

七、气质美文

猛虎和蔷薇

余光中

英国当代诗人西格夫里·萨松写过一行不朽的警句:"我的心里有猛虎在细嗅蔷薇。"可以说这行诗是象征诗派的代表,因为它具体而又微妙的表现出许多哲学家无法说清的话;它表现出人性里面两种相对的本质,但同时更表现出那两种相对本质的调和。

原来人性含有两面:其一是男性的,其一是女性的;其一如苍鹰,如怒马,如飞瀑,其一如夜莺,如驯羊,如静池。所谓雄伟和秀美，所谓外向和内向，所谓喜剧型的和图画性的，所谓"金刚怒目，菩萨低眉"，所谓"静如处女，动如脱兔"，所谓"骏马秋风冀北，杏花春雨江南"，所谓"杨柳岸晓风残月"和"大江东去"，一句话，姚姬所谓的阳刚和阴柔，都无非是这两种气质的注脚。两者粗看若相反，实则乃相成。实际上每个人多多少少都兼有这两种气质，只是比例不同而已。

东坡有幕士，常谓柳永词只合十七八女郎，执红牙板，歌"杨柳岸晓风残月"；东坡词需关西大汉，铜琵琶，铁绰板，唱"大江东去"。东坡为之"绝倒"。他显然因此有种阳刚和阴柔之分，感到自豪。其实东坡之词何尝都是"大江东去"？"笑渐不闻声渐杳，多情却被无情恼"，恐怕也只合十七八女郎曼声低唱吧？而柳永词句"怒涛渐息，樵风乍起；更闻商旅相呼，片帆高举"。又是何等境界！他如王维以清淡胜，却写过"一剑曾当百万师"的诗句；辛弃疾以沉雄胜，一身转战三千里写过"罗帐昏灯，哽咽梦中语"的词句。

但是平时为什么我们提起一个人，就觉得他是阳刚，而提起另一个人，就觉得他是阴柔呢？这是因为各人心里的猛虎和蔷薇所成的形式不同。有人的心原是虎穴，几朵蔷薇免不了猛虎的践踏；有人的心原是花园，园中的猛虎不免给那一片香潮熏倒。所以前者气质近于阳刚，而后者气质近于阴柔。然而踏碎了的蔷薇犹能盛开，醉倒的猛虎有时醒来。所以霸王有时悲歌，弱女有时杀贼。

"我心里有猛虎在细嗅蔷薇"。人生原是战场，有猛虎才能在逆流里立定脚跟，在逆风里把握方向。同时人生又是幽谷，有蔷薇才能烛隐显幽，体贴入微。在人性的国度里，一只真正的猛虎应该能充分地欣赏蔷薇，而一朵真正的蔷薇也应该能充分地尊重猛虎。非蔷薇猛虎便成了粗汉；非猛虎蔷薇便成了懦夫。韩黎诗"受尽了命运那巨棒的痛打，我的头在流血，但不曾垂下！"华兹华斯诗"最微小的花朵对于我,能激起非泪水所能表现的深思。"完整的人生应兼有这种至高的境界。一个人到了这种境界,他能动也能静,能屈也能伸,能微笑也能痛哭,能像20世纪人一样的复杂,也能像亚当夏娃一样纯真,一句话,他心里已有猛虎在细嗅蔷薇。

1952年10月24日夜

19. 马来西亚国花扶桑

一、简介

扶桑是中国名花,在华南栽培很为普遍。花期长,几乎终年不绝,花大色艳,开花量多。加之管理简便,除亚热带地区园林绿化上盛行采用外,在长江流域及其以北地区,为重要的温室和室内花卉。同时也可供药用。

二、桑花花语

少女的心、脱俗、洁净、相信你、永远新鲜的爱、新鲜、微妙的美。

三、扶桑箴言

扶桑花的外表热情豪放,却有

一个独特的花心，这是由多数小蕊连结起来，包在大蕊外面所形成的，结构相当细腻精巧，就如同热情外表下的纤细之心。狂欢的嘶喊下，精致的心只为挚友。

四、神奇药用

味甘寒，调经、清肺、化痰、凉血、解毒、利尿、消肿。
根：用于腮腺炎，支气管炎、肺热咳嗽、急性结膜炎、鼻血。
叶、花：外用治疗疮痈肿，乳腺炎，淋巴腺炎。
花：月经不调。
扶桑花、叶、茎、根均可入药，主用根部。

五、古韵

（一）扶桑花

莲后红何患，梅先白莫夸。
才飞建章火，又落赤城霞。
不卷锦步障，未登油壁车。
日西相对罢，休浣向天涯。

赏析：

首联即点明扶桑的花期和颜色，奠定一种傲然群芳的基调。莲与梅，已属花中格调与品质超群的白领花，但扶桑一开，莲花与梅花却都黯然失色。扶桑以红著名，又名大红花、朱槿牡丹，以夏秋开放最盛。杨万里曾有名句"映日荷花别样红"，但这扶桑却比荷花红得更具气势，更有空间感和磅礴感。

此颔联承上，进一步点明扶桑的形与色。建章宫有神明台，高50丈，而赤城作仙境讲的话，也在天上，这说明扶桑花木高大。而能一路绽放直到神仙的地界，则表明了扶桑的脱俗和坚韧。这一联有两个非常动感的字眼，一飞，一落，让人如临繁密花海，通感之美，似乎能听到花开花舞的声音。而最终的点却打在两个最平常不过的字上，火与霞，带给人强烈的视觉冲击力，使整个画面都灿烂无比，将情绪推向高潮。

然而颈联却将这种热烈的情绪微微沉寂下来，引导读者看到扶桑盛极的另一面，尽管已将花海漫延燃烧至仙境，但扶桑本身却并不爱慕富贵与权势。锦步障与油壁香车，都是富贵人家才能拥有的宝物，扶桑却"不卷""未登"，花虽开得高调，品质却十分深沉。

于是在尾联接着渲染这种情绪。扶桑本生自东海日出之处，晨开暮谢，极为短暂，"日西"与"休浣"，点明它的落幕，它宁愿静静的凋零天涯，也不攀龙附凤。一个"向"字，留给人无限遐想与怅惘的空间。这首诗虚实相生，情景交融，借物喻人，赞的是扶桑的精神。用词看似简炼平常却十分耐人寻味，是一首于简明中见深刻细腻的借物寓怀的佳作。

（二）耕园驿佛桑花

蔡襄

溪馆初寒似早春，寒花相倚媚行人。
可怜万木凋零尽，独见繁枝烂熳新。
清艳衣沾云表露，幽香时过辙中尘。
名园不肯争颜色，灼灼夭桃野水滨。

赏析：正是这种顽强的生命力和奔放的外表使作者爱上它的品质。要知道，扶桑就是热情和爽朗的象征。如果把热情奔放的、生命力极强的花比作自己，那么茂密的树叶，永远被花感染着的树叶，就是永远有脱俗高洁的品格。

六、气质美文

校园扶桑

校园里有几株花树，个子矮矮的，乍看起来，很像刚栽的杨树。花树的叶子是椭圆形的尖叶，植株虽矮，但绿叶黄花相配倒也和谐。问过别人，说那花名曰扶桑。

这名字让我觉得有点别扭，不知名从何来，大概源自日本？也未必；但很像蒙古语"福仓"之音，若真是倒很有意思，给人一种喜洋洋的感觉。既然无法弄准确，又何必深究呢？

花的名字虽然有争议，但是这花的习性和花朵的形态，倒让我别有一番感慨。

那几株花，原本是盆栽在室内养的，晚春时节，大家觉得室内阳光不够充足，加上每天浇水，很费心，就把它们移栽到了室外一处墙边空地上。当时曾经有人担心：它们受不住挪移折磨，怕会死去，至少也会萎蔫几日，叶黄花谢。谁知，它们的适应能力令人吃惊：挪移之后就像什么都没有发生一样，生命的活力丝毫没有因为挪移而受一点影响。没过几日，长势反而更旺，每个枝桠上都顶起了一个花骨朵，每天早晨，都开个一两朵，花朵虽然只开一天，但是这朵落了那朵开，倒给人一种花期很长的感觉。

因为隔几日就有一次降雨，也就不需要每天为它们浇水了。它们悄悄地长，悄悄地开，悄悄地凋谢。正值盛夏，校园里到处花香蝶舞，在那大片的姹紫嫣红的花草中，这几株只开淡黄色花朵的扶桑花，朴实得竟然有些单调，实在不怎么引人注目。以致过往的师生有一种熟视无睹的感觉。

无论早晨傍晚，不管刮风下雨，那鸡蛋大小的淡黄色花朵，一朵接一朵静静地开着，一直到深秋。

因为怕冻坏，大家在霜露来临的时候，又把它们重新移栽到盆里，搬进没了有暖气的屋子。我特意搬了一盆放在自己的办公室。在那段日子里，我真担心他们受不了寒冷而花叶凋零。但事实证明我的担心是多余的。它们依然在每天或隔三两天的早晨，悄然绽放一朵又一朵淡黄色的花，花瓣薄如蝉翼，外大里小，层叠交错，在近处，还能嗅到缕缕清香，给人一种朴素的美。

北方的冬天冰雪肆虐，办公室那盆扶桑花却给我带来了温馨和快乐。

一天，我看到扶桑枝上有一朵颜色更淡的花，心中不觉好奇，到近处仔细观察才发现，那是一朵凋败的花，只是没有从植株上掉下来而已。我轻轻地把它拿下来，它实际上早已经和茎枝脱离，花瓣已无丝毫水分，由于没有落入泥土，所以它还保留着盛开时的姿态。我轻轻地抚摸花瓣，生怕它会纷纷散落。又一次出乎我的意料，那娇美的花瓣紧紧地连在花托上，轻拂，不散；用力拂，也没散！

我无言！我又感叹！

这不起眼的小花，在盛开时不求美誉，在开过之后，仍然凋而不零，败而不谢！虽然没有谁注意到它的执着，但它却将美好的一面无私的献给人们，就连死去，也含着美！

扶桑花让我领悟了一个道理：美，不仅是形式，更重要的，是内涵和质地。

我将那朵凋而未落的花收起来，做成了一个标本，珍藏在抽屉里，也珍藏在心里！

语思：一切都是令人感动的，就像扶桑，用细腻的心，总会绽放最艳丽的光泽。

20. 缅甸国花龙船花

一、简介

龙船花株形美观，开花密集，花色丰富，终年都有花可赏，是重要的盆栽木本花卉，是缅甸的国花，植株低矮，花叶秀美，花色丰富，有红、橙、黄、白、双色等。在中国南方露地栽植，适合庭院、宾馆、风景区布置，高低错落，花色鲜丽，景观效果极佳。在中国广西省南部，人们习惯称它为水绣球。龙船花花期较长，每年3月~12月均可开花。

神奇药效：散瘀止血，调经，降压，清肝，活血，止痛。用于高血压，月经不调，筋骨折伤，疮疡。根、茎：肺结核咯血，胃痛，风湿关节痛，跌打损伤。

二、龙船花的花语

争先恐后。

三、龙船花箴言

机会越少，价值越高。

难以得到的东西通常都比那样容易得到的东西要好，也更能得到人们的珍惜。

四、古韵

> 七绝·元旦即景口占
> 日照轩窗暖意生，一双绣眼入花腾。
> 英丹腊月开如炬，为报新年愿景明！

五、美好传说

俗语说，月无百日圆，花无百日红，龙船花却偏偏花期较长。缅甸的依思特哈族人有一种特别浪漫而有趣的婚姻习俗，他们自古以来临水而居，凡有女儿的人家都会早早地在临近房屋的水面上用竹木筑成一个浮动的小花园，并在里面种满龙船花，然后用绳索将它系住。等到女儿出嫁那一天，就给她打扮得可爱动人，然后让她坐在这个浮动的小花园里，最后将绳索砍断，任其顺水而飘。新郎则一大早就在下游的岸边等待，准备迎接载着新娘飘来的小花园。当小花园飘来时，新郎就抓住绳索将它拉上岸，然后牵着新娘一同回家举行婚礼。

龙船花未开时，很像一根根微形的细簪直刺蓝天，开放后，4片花瓣平展成一个个十字。在古代，十字图形代表着避邪驱魔、去病瘟的咒符。所以，每年的端午期间，划龙船的老百姓为了避邪驱魔，去除病瘟，求得吉祥，就把该花与菖蒲、艾草并插在龙船上，久而久之，该花就称之为龙船花了。

六、气质美文

龙船花

龙船花品种很多，还有仙丹花等多个名称，其中一个叫"山丹"。为什么叫山丹呢？有人说，这与出自山谷，花呈红色有关。也有人说，是与"花开3段"有关，"三段"与"山丹"，音谐也。古代写山丹的诗词很多，宋朝有位诗人极爱种植山丹，有一次有人问他这花叫什么名称，他就吟了一首七绝回答："人间花木眼曾经，未识斯花状与名；丹却青山暮春色，续他红树坠时英。"巧妙地把"山丹"嵌入了诗中。不知为什么，古时写山丹花的诗，大都是宋人写的。如王十朋的"四月相将莫，山丹开始都。真心本来赤，正色自然朱。百合晚乃俗，石榴繁更粗。谁将仙灶药，花里着功夫。"真是写得一片天真烂漫。再如郑域的"团栾绛蕊发枝间，铅鼎成丹七返还。乞与幽人伴幽壑，不妨相对两朱颜。"将美丽的山丹比作灵丹，诗味盎然，艺术地针砭了时弊，极富表现力。南宋刘克庄也写过一首山丹诗："偶然避雨过民舍，一本山丹恰盛开。种久树身樛似盖，浇频花面大如杯。怪疑朱草非时出，惊问红云甚处来。何惜书生无事力，千金移入画栏栽。"借山丹道出了自己怀才不遇的感慨。需要说明的是，据《中国高等植物图鉴》，山丹是指一种百合科的草本植物。古人的诗，看上去既像是写龙船花山丹，又像是写百合科山丹，如"百合晚乃俗"将之与百合作比较，疑似写成百合科山丹。不过，王十朋诗又云："真心本来赤"，既然都是"真心本来赤"，作为艺术作品，我们又何必去考究呢！

龙船花只在龙舟节期间或前后数日才开放，其实也有一定的道理。特别是龙舟节到来时，美丽的龙船花就像听到了龙船鼓响似的，一齐怒放，有红的，有黄的，还有白的，漂亮极了。细细看去，有种越看越耐看，越看越美丽的感觉，真是"花似鹿葱还耐久，叶如芍药不多深。"如果这个时候来这里做客，还可以看到持续18天的龙舟景，吃到风味独特的龙舟饭，5月12这天还有盛大的新塘龙舟赛。《岭南风俗录》中说："珠江三角洲最具盛名的龙船景，是广州市郊增城县新塘景……在新塘赛出的成绩，才能得到公认。"可见新塘龙舟赛之权威与隆重。

　　大红色的龙船花正是处于怒放的花期，与青翠欲滴的草坪、绿树相互映衬，红花绿叶非常抢眼。在一片草坪上，由龙船花修剪而成的"流水型"植物造型错落有致，层次分明，十分赏心悦目。俗语说，月无百日圆，花无百日红，但龙船花却偏偏因为花期较长而被人们称为"百日红"。正所谓"花中真有百日红，假舟载美促良缘"。当然，其它时间也可以来这里赏龙船花。杨万里诗云："春去无芳可得寻，山丹最晚出幽林。"龙船花的美丽之点，就是不但能在龙舟节期间群美迸放，还能在"春去无芳可得寻"的日子构成"有芳可得寻"的境界，随处可见地持续妆点南国之美。有位朋友说：这就是一种精神！一种龙船花精神！我说：就像力争上游的龙舟精神一样，是一种"百日红"精神么！

21. 摩纳哥国花——石竹

一、简介

　　石竹科石竹属的多年生草本植物。分布于俄罗斯、朝鲜以及中国大陆的北方、南方等地，生长于海拔10米至2,700米的地区，多生长在草原及山坡草地。花单朵、成对或数朵簇生茎顶呈圆锥状聚伞花序；日开夜合；花萼筒圆形，花朵繁茂，此起彼伏；五彩缤纷，变化万端。花型有单瓣5枚或重瓣、锯齿状，微具香气。花瓣阳面中下部组成黑色美丽环纹，盛开时瓣面如碟闪着绒光，绚丽多彩。花期4日~10月，其中4月~5月最盛。

二、石竹的花语

纯洁的爱、才能、大胆、女性美；丁香石竹的花语：大胆、积极。

三、石竹花箴言

不慕繁华，依子空谷。谁其友之，惟松与竹。孤高成性，静而能安。谁其配之，惟桂与兰。

四、古韵

（一）七绝·石竹花

王安石

春归幽谷始成丛，地面芬敷浅浅红。

车马不临谁见赏，可怜亦解度春风。

（二）魏仓曹宅各赋一物得当轩石竹

李颀

罗生殊众色，独为表华滋。
虽杂蕙兰处，无争桃李时。
同人趋府暇，落日后庭期。
密叶散红点，灵条惊紫蕤。
芳菲看不厌，采摘愿来兹。

（三）道该上人院石竹花歌

顾况

道该房前石竹丛，深浅紫，深浅红。婵娟灼烁委清露，小枝小叶飘香风。上人心中如镜中，永日垂帘观色空。

五、美好传说

石竹花（格林童话）

从前有个王后没有孩子。每天早上她都要到花园里去祈祷上帝赐给她一儿半女。后来上帝派来一个天使对她说："放心吧，你会有个儿子，而且他有将希望变成现实的能力，世界上任何东西，只要他想要就可以得到。"王后把这个好消息告诉了国王。不久王后果真生了个儿子，国王特别高兴。

孩子渐渐长大了。一天，小王子躺在母亲怀里，王后打着盹，有个老厨师走了过来，知道这孩子有将希望变成现实的能力，就把他偷走了，藏到了一个秘密的地方。然后他杀了只鸡，将鸡血滴在王后的礼服上。接着他来到国王面前指责王后不该大意，使孩子被野兽吃了。国王看到王后身上的血迹就信以为真，陷入了极度的悲伤之中。他命人修建了一座高得不见天日的塔楼，将王后关押了起来，不给她送饭送水，让她慢慢饿死。上帝派了2个天使变成2只白鸽，每天送两次食物，一送就是7年。厨师心想："如果孩子真的有实现愿望的力量而我又在宫里，没准会给我找麻烦。"所以他离开王宫来到藏孩子的地方，对已经能说话了的王子说："你让自己希望有一座漂亮而且带花园的宫殿吧，还要有和它相配套的各种用品才行。"孩子话音刚落，一切便已经在他眼前了。过了一会儿，厨师又对他说："你一个人孤孤单单的不好。要个漂亮姑娘给你作伴吧。"王子刚说要，一位姑娘就已经站在他面前了，任何一个画家都无法描画她的美貌。他们两人一起做游戏，全心全意地爱着对方。厨师则像个贵族那样出门打猎去了。他突然想起没准有一天王子会希望和父亲生活在一起，那他岂不是面临杀身之祸了！于是他回来，抓住了姑娘说："今晚等这孩子睡着了，你到他床边去拿他那把剑插进他胸口，把他的舌头和心脏取出来给我。要不然我就要你的命！"说完就走了。

第二天回来，姑娘不但没有照他的吩咐去做，等他走了以后，姑娘让人抓来一头鹿杀了，取出心脏和舌头放在盘子里。恶毒的厨师回来问："心和舌头呢？"姑娘端着盘子递给老厨师。王子终于知道这个恶人的面目，和女孩一起逃走了。

夜里，王子又思念起了母亲，不知道她是不是还活着。他对姑娘说："我要回到自己国家去。和我一起走吧！""唉呀，路那么远，"她似乎不大愿意同去，可王子又不愿意就此分手，所以希望她变成一株美丽的石竹花带在身边。接着，王子来到囚禁母亲的那座高高的塔楼，希望能有一架长梯，让他能爬到顶上去，梯子就真的出现了。他爬到顶上朝下喊:"亲爱的妈妈,您还活着么?"王后回答说:"我刚吃完饭,这会儿还饱着呢。"王后还以为是那两个天使呢。王子又说:"我是您亲爱的儿子呀!以前你以为我被野兽吃了,可我还活着,我要救您出来!"他爬下塔楼去见父亲。开始他让人通报说自己是个猎人,问国王是否需要他做什么。国王说只要他精通狩猎,能捕获猎物就行。那时候,这个国家还从来没有过鹿。他把所有的猎手都召集到森林里,围成一个大圈,自己站的那头留了个缺口,然后说出他的希望,立刻就有 200 只鹿在包围圈里四处奔逃。猎手们纷纷射杀,捕获的猎物将带来的 60 辆大车都装满了。这是许多年来国王第一次捕到这么多猎物,他因此十分高兴,下令第二天王宫上下都来参加盛大宴会,和他一起共享猎物。等大家都到齐了,国王对猎人说:"既然你如此聪明,坐到我身边来吧。"可猎人回答:"国王陛下,您千万要宽恕我无法从命,因为我不过是个普通猎人而已。"可国王坚持说:"你坐在我旁边。"猎人就坐下了。他想到了亲爱的母亲,说:"陛下,我们在此欢庆,不知塔楼里的王后怎么样了?还活着没有?"可是国王说:"别提起她!谁叫她让野兽吃了我亲爱的儿子!"猎人站起来说:"尊敬的父王陛下,我就是您的儿子,王后还活着,我也没有被野兽吃了。是邪恶的厨师趁母后打瞌睡的时候把我偷走了,然后杀了一只鸡,撒了一些鸡血在她的衣裙上。"国王愤怒的让武士找到这个恶人。国王一看到厨师,十分痛恨,立刻下令将他关进塔里去了。猎人又说:"父王,您是不是愿意看看将我扶养长大的那位姑娘?厨师曾要求她杀死我,否则要她的命,可她还是没杀。"国王说:"我愿意见她。"儿子说:"尊敬的父王,我愿意让她以一种美丽的鲜花的面貌来见您。"说着从口袋里掏出一枝漂亮的石竹花,国王从来没见过比这更漂亮的花呢。儿子说:"我让她恢复原形吧。"他将希望说出来,鲜花马上变成了一个美貌的姑娘。

国王十分悔恨，赶紧接来王后。他的儿子和被他变成石竹花带回来的美丽姑娘结了婚，一家人幸福的生活下去。

22. 墨西哥国花——大丽花

一、简介

大丽菊是墨西哥的第二国花，大丽菊是菊科植物中美貌出众的一种，花朵大，花色艳丽，如今已经有7000多个品种，除了红、黄、橙、紫、白等色以外，几乎所有的颜色都有，花姿华贵典雅，可与国色天香的花王牡丹媲美，另外大丽菊还以抗污染植物著名。大丽菊原产于墨西哥的高原上，现在墨西哥随处可见可以看到大丽花，墨西哥人把它视为大方、富丽的象征，因此将它尊为国花。目前，世界多数国家均有栽植，选育新品种时有问世，据统计，大丽花品种已超过3万个，是世界上花卉品种最多的物种之一。大丽花花色、花形、誉名繁多，丰富多彩，是世界名花之一。

二、大丽花花语

大吉大利、富贵无边、背叛、叛徒、感激、新鲜、新颖、新意。

三、神奇药用

功能：活血散瘀，主治：跌打损伤。

四、古韵

（一）大丽花

奇姿异彩瓣天穹，绿叶青枝花粉红。
貌似牡丹颜甚丽，性如金菊傲临风。
媚娇醉步朝霞艳，婀娜伸腰仰满聪。
招蝶引蜂情尽舞，窗前篱院意由衷。

（二）七绝大丽花

薯根裂叶梗悠长，花序端生喜艳阳。
妩媚妖娆霞逊色，金枝玉叶吐芬芳。

（三）大丽花

誉名大理盼春晖，薯块根形羽叶披。
忌暑喜阳头状序，惧寒怕涝梗长舒。
桃羞杏让嫣然笑，蕊露枝伸妙趣追。
明媚鲜妍花怒放，粉妆玉瓣蝶痴迷。

五、气质诗文

（一）等待

如果命运变成了一场等待

那么

一切才刚刚开始.

等来了一阵风

吹来几丝忧愁

等来了一场雨

冲走几滴伤痛

等来了

人来车往

等来了

逐西灯亮

一切

就像预兆

夜来了

风不太冷

屹立风中岿然不动

雨不太多

泪与水能分清左右

涣散的光

盼来熟悉的影

来不及看清

消散的人群

等来了

风欲停止

等来了

雨落又停

等来了

人车稀往

等来了

渐东灯黄

等到明日凌晨

钟声敲响

便把

今夜

化成空

只留下

转身离去

孤单的影

（二）面朝大海，春暖花开

海子

从明天起，做一个幸福的人

喂马、劈柴，周游世界

从明天起，关心粮食和蔬菜

我有一所房子，面朝大海，春暖花开

从明天起，和每一个亲人通信

告诉他们我的幸福

那幸福的闪电告诉我的

我将告诉每一个人

给每一条河、每一座山，取一个温暖的名字

陌生人，我也为你祝福

愿你有一个灿烂的前程

愿你有情人终成眷属

愿你在尘世获得幸福

我只愿面朝大海，春暖花开

赏析：

面朝大海，春暖花开。这首诗歌以朴素明朗而又隽永清新的语言，拟想了尘世新鲜可爱，充满生机活力的幸福生活，表达了诗人真诚善良的祈愿，愿每一个陌生人在尘世中获得幸福。

（三）安静也能惊动欢喜

花开有声，叶落无痕，绚烂地绽放和沉静地陨落交错出一段行走的美丽。

夏夜的萤火顺着枝桠蜿蜒而上，在浅红色和暗绿色的纹理中，闪现出被阳光遗忘了的暗文。

立冬之后的一个凌晨，在阳台的窗子旁边晨读，虽然只是一门之隔，却是两个世界。那一面的夜色依旧，顺着灯光的发梢爬过玻璃，透露出丝丝缕缕的清冷，但恍惚间却有一些奇怪的香气钻到心底。

在顽强的生命面前，我只能怀着一颗崇敬的心远远观望这些伟大的生灵，没有怜悯同情，只有满满的尊重。把乳白的芽儿拱出土层，把嫩绿的叶子一片片抽出，花朵在尽情地绽放香味，果实酿成希望的彩色、甜美的笑容。"花儿"的孕育百尺的槐翁，在微风中俯身将青藤搂抱；青涩的紫藤，祖酥在绿松的静谧之中；苍翠的松，将道劲的枝条嵌进蓝天。与世界最初的相见就是这样简单，但印象深刻。复杂的世界尚在远方，或者，它就蹲在那安恬的时间周围窃笑：看一个幼稚的生命慢慢睁开眼睛，萌发着玲珑的冲动。润湿的春泥被太阳晒热，花草的暗香，砖石里透出的阴冷，混合在风中舞蹈、流动。

  花开出自己的颜色，即使寂静也是一种美。大音希声、大象无形、真爱无言、真水无香。花，喜欢在寂静中绽放，没有人打搅才绽放得格外热烈。寂静是花开的前提，然而并不是说只要寂静花就可以美丽地绽放。过早凋落的花有的是，著名诗人海子就是其中一朵。他卧轨而亡，在火车的轰鸣声中结束了自己年轻的生命……没有人知道他为什么要选择死亡，或许对他而言，已经没有了更好的解脱方式。绝对的美，只存在于艺术中。花，在寂静中绽放。花，又在寂静中凋落。那爱着鲜花，不停地亲吻鲜花面庞的清风，见证了鲜花的开落。那些顾影自怜的硕大花朵，在层叠的花瓣中钻进钻出的蜜蜂，飘来飞去的彩蝶，仿佛幻影。喜欢在安恬的午后，安静的读书，安静的写些文字，安静的听着音乐，享受属于一段自己静谧的时光，有些文字总是能轻易的扣动人的心弦，有些故事总是那么委婉缠绵，有些旋律总是能触动内心深处的柔软，清浅的时光，婉约的心情，沉醉了我的一帘幽梦。

  其实光阴从来不曾厚待过谁，也不曾亏欠过谁，生活就是一种积累，你若储存的温暖多，那么你的生活就会阳光明媚，你若储存太多寒凉，你的生活就会阴云密布。时光，因爱而温润，岁月，因情而丰盈。

  很难定义或总结出这尘埃剪影究竟有什么现世的意义，但他们绝非无关紧要，只因这些从心底萌发的莫名感动——兴许只是无须解释，或者懒得解释。

　　静静地看一朵小花的绽放，清心似水，雅韵无尘。惊动了欢喜，却不能尽诉其美丽。

23. 尼加拉瓜国花——百合（姜黄色）

一、简介

　　百合是百合科，百合属多年生草本球根植物，主要分布在亚洲东部、欧洲、北美洲等北半球温带地区。全球已发现有百多个品种，中国是其最主要的起源地，原产50多种，是百合属植物自然分布中心。百合花素有"云裳仙子"之称。由于其外表高雅纯洁，天主教以百合花为玛利亚的象征；而梵蒂冈以百合花象征民族独立、经济繁荣，并把它作为国花。百合的鳞茎由鳞片抱合而成，有"百年好合""百事合意"之意，中国人自古视为婚礼必不可少的吉祥花卉。

二、百合花语

　　百合（所有的百合）：顺利、心想事成、祝福、高贵。

　　香水百合：纯洁、婚礼的祝福、高贵。

　　白百合：纯洁、庄严、心心

相印。

粉百合：纯洁、可爱。

红百合：永远爱你。

黄百合：早日康复。

葵百合：胜利、荣誉、富贵。

姬百合：财富、荣誉、清纯、高雅。

野百合：永远幸福。

狐尾百合：尊贵、欣欣向荣、杰出。

玉米百合：执着的爱、勇敢。

编笠百合：才能、威严、杰出、尊贵、高雅。

圣诞百合：喜洋洋、庆祝、真情。

水仙百合：喜悦、期待相逢。

三、神奇药用

治邪气心痛腹胀，利大小便，补中益气。除浮肿颅胀、胸腹间积热胀满、全身疼痛、咽喉肿痛、吞口涎困难、止涕泪。除膈部胀痛，治脚气热咳。安心、安神，益志，养五脏，治癫邪狂叫惊悸，产后大出血引起的血晕，杀血吸虫，协痛、乳痈发背的各种疮肿。也可治百合病，温肺止咳。

四、美味百合

（一）蜜汁百合

制作：百合60克，蜂蜜30克放碗内拌匀，锅隔水蒸熟食用。

功效：滋润心肺，润肠通便。百合、蜂蜜两者同适用于秋冬肺燥咳嗽咽干、肺结核咳嗽、痰中带血、老年人慢性支气管炎干咳及大便燥结等症。

（二）百合莲子粥

制作：净百合30克，莲子25克，糯米100克，加红糖适量，共煮粥食。

功效：养胃缓痛、补心安神。适用于治疗脾胃虚弱的胃脘痛、心脾虚或心阴不足的心烦不眠症。

三、百合花茶

原料：干百合2朵、蜂蜜10毫升。

调制：将干百合以沸水冲泡10分钟，饮用时加入蜂蜜即可。

功效：排毒、美容养颜。

五、古韵

（一）百合

萧察

接叶有多种，开花无异色。含露或低垂，从风时偃仰。

赏析：此首诗为后梁宣帝之第三子萧察描写百合花的作品，作者以清词丽句，素描淡抹，描摹了一帧诗意浓厚的百合图。首两句由叶至花，后两句由花到姿，描绘出百合花的叶子，花容清新、自然的感觉，具诱人之姿，如同在我们眼前展现百合花的真趣和神髓。

（二）结局

席慕容

当春天再来的时候

遗忘了的野百合花

仍然会在同一个山谷里生长

在羊齿的浓荫处

仍然会有昔日的馨香

可是

没有人

没有人会记得我们

和我们曾有过的欢乐和悲伤

而时光越去越远

终于

只剩下几首佚名的诗

和一抹淡淡的斜阳

六、美好传说

（一）

首先，百合花是五行属水或者鼠年出生的人们的风水花卉，百合花是它们的幸运之花，这些人群可以用百合制造一个好风水的住房。

其次，百合花可以为单身的人们提升爱情好运。风水学说红鸾方在西南方，每天晚上 11 点至 1 点之间，在西南方点上一盏黄色的

上 篇
走近世界各国国花（上）

灯，将光源照射方向朝上，每天晚上点到白天天亮，直到找到好桃花为止。白天不点灯的时候，也可以在这个风水方向摆一盆香水百合，祈求姻缘早现，这些风水方法都可以提升爱情好运。

（二）

相传在遥远的山崖上，长着一株仙姿玄妙的百合花，还有守护它的百合仙子，有缘人才可以看到它，如果心怀不轨的人想去摘它，走到山前，会发现那座山崖消失了，等到走远了，又发现百合依然立在山顶上。

百合已经在这座山上呆了近千年了，她希望有一天会有真心待她的人来到，为此，她可以忍受寂寞。

有一天，一个男孩听到这个传闻，历经千辛万苦找到这儿。闻到一股清香，高傲淡雅，来到山顶，一株百合静静的守在那儿，微风拂过，打着旋，像是一个女孩在跳舞，这种情景无法用语言描述。男孩目瞪口呆，无法说出话来。这世间竟有这么美的花，看到它，觉得心里那般宁静。

男孩风餐露宿，只为每天看到百合。他给百合浇水，施肥，遮荫，一有时间，他就呆呆的望着百合，目光炽热的仿佛那是他的情人，他轻轻的抚摸着花瓣，感受那芬芳的气质。渐渐的百合像是对他有了感情。见到他，会打着旋儿，风吹过，还会发出一阵笑声，像是高兴见到他。一天，百合的身边出现了传说中的百合仙子，男孩的诚心感动了她。

跟我走吧，我会给你幸福的。百合用见过人世悲欢的明眸打亮着他，男孩的眼中没有一丝虚假，只有真诚和爱，也许他是可以信任的，我已经寂寞了很久了，可以去感悟人间的感情了。

第二天，百合与他离开自己生长的山崖，随身只带着那株百合。

男孩把她带到一个客栈，你在这儿等我，我会回来接你的。百合等啊等啊，直到一个月后，听到外面有喜乐的声音。出门一看，男孩骑着马上，而身边的花轿里面是他新娶的新娘。

只听一声脆响，百合手中的那盆花掉落在地，花瓣一片片的掉落，一阵风吹过，消失的无影无踪，百合的脸上布满了泪珠，这时天空中飘起了雨丝，街上的人看到百合的身影渐渐的淡了，有若云烟一样消失了！而男孩突然从马上摔下，不省人事，医好后，可是除了说百合二字之外，什么也不会说了。

相传通往长着百合的山崖的路上，一夜之间，长满了刺，那上面开满了一朵朵蓝色的小花。听到这个传说的人想去找那个传说中的百合，可是一旦接近小花，就会昏迷一日一夜，醒来后，会忘记自己来的目的。而传说中的百合和百合仙子也只成了传说！

24. 挪威国花——欧石楠

一、简介

欧石楠是指杜鹃花科，欧石楠属的植物。全球大约有700多种欧石楠，当中大部分都产自南非，被称为"南非特有种的皇后"；另外尚有70多个物种大致分布于非洲其它地域、地中海地区及欧洲地区。在日本有"蛇眼石楠花"的称号。

上 篇
走近世界各国国花（上）

二、欧石楠花语

孤独、幸福的爱情。

三、欧石楠箴言

活着，才能绽放美丽。为了适应环境，它的叶子都演变得又细又小，花朵也是出奇的袖珍，每一朵花都是铃形，直径还不到半公分，玲珑无比。冰天雪地的北欧，叶落花残，小小的欧石楠，挺着娇小身躯，在冰封的荒原倔强地生长，漫山遍野，从不凋萎。

四、神奇药用

能利尿及促进肠蠕动，所以具有帮助消化、帮助小便顺畅、加速排除体内污垢物质、养颜等效果。

五、古韵

关河令

周邦彦

秋阴时晴渐向暝，变一庭凄冷。伫听寒声，云深无雁影。
更深人去寂静，但照壁、孤灯相映。酒已都醒，如何消夜永？
赏析：此词为寒秋羁旅伤怀之作。上片写寒秋黄昏景象。"秋阴"二句推出一个阴雨连绵，偶尔放晴，却已薄暮昏暗的凄清的秋景，这实在像是物化了的旅人的心情，难得有片刻的晴朗。从"秋阴"至"凄冷"，综合了词人从视觉到感觉的压抑，渲染了一种陷身沉闷，不见晴日的、凄怆的悲凉情绪。"伫听"两句点明词人伫立庭院仰望云空。然而，"云深"，阴霾深厚，不见鸿雁踪影，音书无望，更见词人的落寞与孤独。下片写深夜孤灯独映。"人去"二字突兀而出，正写出朋友们聚散无常，也就愈能衬托出远离亲人的凄苦。更苦者，是"酒已都醒"，暗示出词人一直借酒消愁，排解压抑，以求在醉眠中熬过寒夜；然而，酒意一醒，秋情亦醒，羁旅悲愁，情侣相思，一股脑儿涌上心头，词人惊呼："如何消夜永"，如何熬过这漫长的凄冷阴暗的孤独寒夜啊！词人将羁旅悲愁、凄苦推至无可解脱的境地结束全词，淋漓尽致地显示词人孤单漂泊的无助与郁闷。

语思：安静，是因为摆脱了外界虚名浮利的诱惑。丰富，是因为拥有了内在精神世界的宝藏。

六、气质美文

欧石楠，静待一树花开

当地球还很年轻的时候，树和植物就定居下来了。他们心满意足，百合花为她的白色花朵高兴，玫瑰为红色的花朵而喜悦，紫罗兰是愉快的，虽然她羞怯地把自己藏起来，但总会有人找到她，赞美她的芳香。雏菊是最幸福的花朵，因为世界上每一位孩子都爱她。

树和植物为自己选择家。

橡树说："我应该住在辽阔的田野上，靠近道路旁，旅行者可以坐在我的树阴下休息。"

百合花说："我愿意住在水塘里。"

雏菊说:"我愿意住在阳光灿烂的田野上。"紫罗兰说:"我的芬芳会从长满苔藓的石头旁逸出。"每一种植物都为自己挑选家。

然而有一颗小小的植物,既没有紫罗兰的芬芳,也不像雏菊那样被孩子喜爱。她不能开花,她太害羞不敢提出任何要求。"但愿有人乐意看见我。"她想。一天,她听见大山说:"亲爱的植物们,你们愿意来到我的岩石上,用美丽的颜色覆盖它们吗?冬天它们寒冷,夏天被太阳烤的滚烫,难道你们不愿意保护它们吗?"

"我不能离开池塘。"水中的百合花喊到。

"我不能离开苔藓。"紫罗兰说道。

"我不能离开绿色田野。"雏菊拒绝道。

小小的欧石楠激动地颤抖起来,"如果雄伟的大山能让我去,那该有多好。"她想道。最后她轻柔小声地说:"亲爱的大山,你能让我去吗?我不像她们能开花,但我会努力为你阻挡寒风和烈日。"

"你来吧!"大山叫到。"如果你能来我非常的高兴。"

很快,欧石楠用她的绿色铺满了多石的山脉。大山得意的对其它植物说"瞧!我的小小欧石楠是多么的美丽啊!"其它植物回答:"是的,她明亮又鲜绿,可惜的是她不会开花。"

就在第二天,小小欧石楠突然长出许许多多的花朵,从那时起她一直开放到今天。

播种,但不急于催促花开。在岁月里的深处静静地期待吧,期待亦不失为美。

欧石楠并不是一天覆盖大山的裸岩的,教育也不是一天覆盖孩子的心灵的,但是每一天,我们都是默默地生长。

漫漫红尘,一路走来,似乎有太多的不得已,也有太多的言不由衷,看得见开始,却始终猜不到结局。犹如一叶孤舟,在茫茫的汪洋里航行,看得见波涛汹涌的海浪,却不知道抵挡过前浪能否躲过后浪,那捉摸不透的浪花如潮暗涌,何时才能顺利达到彼岸。

  一些看似符合情理的事情,却被莫名其妙的潜规则。无知就像潜伏在体内的病灶,看不见,摸不透,只能眼睁睁的看着它发作,自己却束手无策。最大的悲哀莫过于,遍体鳞伤却找不到伤口在哪里。

  佛曰:笑着面对,不去埋怨。悠然,随心,随性,随缘。注定让一生改变的,只是在百年后,那朵花开的时间。

  人生苦短,不如意的事情十之八九,没有什么理由一定要背负着沉重行走。有道是,人情翻覆似波澜。多少相交半世的人,因为利益反目成仇,多少攀附权贵的人因为仕途顺畅而得意忘形。

  人心难测不如不测,世情嬗变不如不管,且静等一树花开。宠辱不惊,闲看庭前花开花落;去留无意,漫随天外云卷云舒。

  向往花开刹那,暖阳倾城的美好,冬的淡然,悄然惊醒浮生。有些间隙既然无法缝合,何不学会让它顺其自然;有些事情既然无法掌控,何不学会优雅地欣赏。

  浮生看花开,花团锦簇,一花一世界,繁花似锦,一叶一天堂。

花的大千世界

下

宋圣天 ◎ 编著

中国出版集团
现代出版社

图书在版编目(CIP)数据

花的大千世界(下) / 宋圣天编著. —北京：现代出版社, 2014.1

ISBN 978-7-5143-2172-2

Ⅰ. ①花… Ⅱ. ①宋… Ⅲ. ①花卉－青年读物 ②花卉－少年读物 Ⅳ. ①S68－49

中国版本图书馆 CIP 数据核字(2014)第 008644 号

作　　者	宋圣天
责任编辑	王敬一
出版发行	现代出版社
通讯地址	北京市安定门外安华里 504 号
邮政编码	100011
电　　话	010－64267325　64245264(传真)
网　　址	www.1980xd.com
电子邮箱	xiandai@cnpitc.com.cn
印　　刷	唐山富达印务有限公司
开　　本	710mm×1000mm　1/16
印　　张	16
版　　次	2014 年 1 月第 1 版　2023 年 5 月第 3 次印刷
书　　号	ISBN 978-7-5143-2172-2
定　　价	76.00 元(上下册)

版权所有，翻印必究；未经许可，不得转载

目 录

上 篇　走近世界各国国花（下）

25. 日本国花—樱花 ………………………………………… 1
26. 圣马利诺国花—仙客来 ………………………………… 5
27. 泰国国花—睡莲 ………………………………………… 10
28. 坦桑尼亚国花—月季 …………………………………… 17
29. 危地马拉国花—爪哇木棉 ……………………………… 21
30. 乌拉圭国花—山楂 ……………………………………… 26
31. 西班牙国花—香石竹 …………………………………… 33
32. 新加坡国花—万代兰 …………………………………… 38
33. 匈牙利国花—天竺葵 …………………………………… 43
34. 也门国花—咖啡 ………………………………………… 48
35. 伊朗国花—大马士革月季 ……………………………… 51
36. 印度国花—荷花 ………………………………………… 57
37. 印度尼西亚国花—毛茉莉 ……………………………… 62
38. 中国国花—牡丹 ………………………………………… 66

下　篇　花的大千世界

39. 八仙花	72
40. 半枝莲	77
41. 碧桃花	82
42. 灯笼花	86
43. 吊兰	90
44. 番红花	95
45. 非洲菊	100
46. 桂花	104
47. 海棠花	109
48. 含笑花	114
49. 红景天	117

上 篇　走近世界各国国花（下）

25. 日本国花——樱花

一、简介

樱花，别名山樱花，蔷薇科樱桃属樱桃亚属的一种植物，原产北半球温带环喜马拉雅山地区，在世界各地都有栽培。樱花为落叶乔木，树皮紫褐色，花叶互生，边缘有芒齿，表面深绿色，有光泽。花每支三五朵，成伞状花序，花瓣先端有缺刻，花色多为白色、红色。花于3月与叶同放或叶后开花。樱花花色幽香艳丽，常用于园林观赏。樱花可以做寿司，叶也可加工制作为腌菜。樱花被作为春天的象征，并且深受日本人欢迎，为日本国花。

二、樱花意蕴

纯洁、刚烈。

三、樱花箴言：

　　日本人最喜欢樱花，对樱花根本是情有独钟。樱花是日本的国花，花期很短，就像日本武士的个性，生时轰轰烈烈，死时绝不拖泥带水；所以，日本武士剖腹自杀的精神，举世闻名。想到樱花截然不同的外表与内在，樱花带给风云的启示是：面对事情，不要看肤浅的外表，应该多深入了解事件的前因后果。

四、古韵

（一）无题四首之一

李商隐

何处哀筝随急管，樱花永巷垂杨岸。
东家老女嫁不售，白日当天三月半。
溧阳公主年十四，清明暖后同墙看。
归来展转到五更，梁间燕子闻长叹。

（二）采桑子

赵师秀

梅花谢后樱花绽，浅浅匀红。试手天工。百卉千葩一信通。馀寒未许开舒妥，怨雨愁风。结子筠笼。万颗匀圆讶许同。

（三）樱花落苏曼殊

十日樱花作意开，绕花岂惜日千回？
昨来风雨偏相厄，谁向人天诉此哀？
忍见胡沙埋艳骨，休将清泪滴深杯。
多情漫向他年忆，一寸春心早已灰。

（四）樱花

离合神光看不厌，乍阴乍阳明复暗。开颜弄日影成云，吐蕊含姿花欲淡。春风莫吹乌莫啼，从渠烂漫压枝低。倾城政有无言恨，倚市休论桃李蹊。

云停烟活风日鲜，堆花满枝弄婵娟。施朱太赤粉太白，始信微醉由天然。花光如水水欲逝，开到四分方绝世。近前细看更沉吟，休向花间问才思。

（五）樱花

朝日满园春过半，绝艳为云云欲散。徘徊已倦更淹留，醉梦虽酣难把玩。微红渐褪旋成晕，浅碧独倾尤有韵。一年能得几日看，却对半开愁烂漫。

五、美好传说

在遥远的东瀛，流传着这样一个故事，美丽的樱花树下，有着许许多多属于那些武士道的灵魂。传说樱花本来只有白色，而那些壮志未酬的武士选择在他们喜爱的樱花树下了结自己的生命，鲜红的血缓缓的渗进泥土里,把樱花的花瓣渐渐染成了红色,樱花的花瓣越红,说明树下的亡魂就越多。

六、气质美文

观樱花有感

人生的路很长,漫漫跋涉间,我们只顾着匆匆前行,走自己的路,哼自己的歌,写着自己才看得懂的文字,品着的也只是一个人的寂寞。当时光一次次地将我们吞噬在了那样各个群体中,分而又散,聚聚合合,离别之际,才发现原来我们一直都只是一个人,而那个永远都和自己站在一起的只是那个落寞的影子。

又是暮春了,桃花谢了,樱花也是谢的时候了吧?"天空中落英缤纷"也便是这个季节了吧?今日妹妹对我说,她看到樱花了,很是美丽。据说我们教学大楼后面的那一棵树即便是一株樱花,远远地,在我看来那似乎是和桃花一样的,没有什么太大的区别,只是高了一些。还是淡粉色的花,高高地,那些嶙峋的枝条有如一只只干枯的手伸向天空祈求着什么。

生命中总是遇到那么一些人,流星般从自己生活的中心穿过,很快地,只留下那一瞬间的美丽,随着时间的推移渐渐地又会逐渐变淡,等到时间经过了足够的长,也便消失了。而这样的人,我们称之为过客。

"你的心如小小的寂寞的城",且已紧掩,于是,我们进入不了彼此的世界,因为你的世界已经封闭了,别人走不进去,自己也逃不出来。很快地,你被孤立了,被动抑或主动。擦肩,一瞬,不留太多的痕迹,只留下满脸的茫然,三分的麻木,七分无助。陌生,熟悉，再陌生，走入各自生活的之后，我们又逃了出来，因为我们发现，自己还是只适合走自己的路的。

　　如果有人说，我们只是陌生人，并不认识彼此，时间便会使感情淡却的。那是因为彼此不是真的朋友。真正的友谊是经得起时间的洗礼的，不会因为那些时间变迁和空间相距而有破坏那份的和谐。相反，适当的距离会使得真的友谊更进一层。

　　人生会遇到多少路人有谁真的知道吗？擦肩了，不留下什么，只是，有时那份感动还是那么地真，真实地会让人觉得不是故事。过客又怎么样？往昔的那些事回味起来的时候，依旧鼻子酸酸，心中疼痛。只是，会淡，但那也是一个及其漫长的过程啊！

　　那漫天飞舞的樱花，似乎在向我们述说着什么，清风中，我们侧耳，用心倾听，只道："我不是归人，是个过客。"路人依旧走在那小道间，聚散离合，微笑着离开，擦肩，铭记并传递着那些感动，也许，肩头的爱，最浓。漫漫人生，只为邂逅那一场场樱花的零落。世上最美的不是那灿烂而又奇美的焰火，而是擦肩之后，得到的那一场场樱花的零落。

　　语思：生命本就是历史长河中的过客，时光静止着，我们在流逝。所以，要珍惜生命中的每个人，因为珍贵的记忆够淡忘一生多年后，记忆却依然鲜活……

26. 圣马利诺国花——仙客来

一、简介

　　别名萝卜海棠、兔耳花、兔子花、一品冠、篝火花、翻瓣莲，是报春花科仙客来属多年生草本植物。仙客来是一种普遍种植的鲜花，适合种植于室内花盆，冬季则需温室种植。仙客来的某些栽培种有浓郁的香气，而有些香气淡或无香气。"仙客来"使得花名有"仙客翩翩而至"的寓意。仙客来是山东省青州市的市花，也是1995年天津举办的第43届世界乒乓球锦标赛的吉祥物。

二、仙客来花语

美丽，嫉妒，以纤美缄默的姿态证明被爱的高雅，天主教认为仙客来是圣母玛利亚落在地上的心血（或其在人世间淌着血的心），日本人认为此花乃爱之圣花。

三、仙客来箴言

有朋自远方来，不亦乐乎？

四、古韵

（一）仙客来

高冠华

羞红侧掩头，琶音半遮面。
抑扬真挚处，临空欲飞天。
问君思何意，君笑未曾知。

且望九万里，繁城树荫居。
尉尉海风送，娇柔及时雨。
心小泌天外，玉女妒且忌。
今嫁龙乡客，惜花不爱心。
紫凝粉红醉，肌秀香已泯。
天上人间客，奇葩雨打萍。
未知期何待，还我香缕衣。
感君肺腑语，江州司马情。
同征漫漫路，漂零月夜心。
帆影惊恶浪，长空划雁痕。
放飞天涯梦，千里走单骑。
青刀乾坤舞，金铗慑苍龙。
飞鸿锦书到，京娘归故里。
尉蓝地中海，奇香夺人意。
琼楼飞玉檐，遥遥泪如雨。

（二）咏仙客来

艳艳鲜红洁洁白，广植庭院与花台。
皎洁月下会仙客，犹见嫦娥白兔来。

五、美好传说

相传，美丽的嫦娥偷食了后羿的不老之药后，仙气注入，漂浮升天，成为仙子，入驻广寒宫。她虽在仙境，却思念人间的家人。孤苦一人，寂寞无比。终于有一天，难耐寂寞，怀抱玉兔下凡人间。见到思念的丈夫，情深意切，相互谈天，一时竟忘了玉兔。玉兔见到人间如此热闹，欢快的在花园中玩耍，嬉戏。一位慈祥的老园丁见小兔子可爱，对它呵护有加。不久，他们就如主仆一样，感情很深。这时，天色渐明，嫦娥不得不回到天庭，呼唤玉兔，玉兔和老园丁难舍难分。通有灵气的玉兔把耳朵里藏的一颗带有仙气的种子赠送给老园丁，作为纪念。玉兔和嫦娥走后，老园丁悉心将种子种下，悉心栽培。精致艳丽的小花，开起来竟然像一只只小兔耳朵，翘首望月，也暗示了这花是仙人所送的种子。所以，取名为仙客来。

六、气质美文

（一）思念

舒婷

一幅色彩缤纷但缺线条的挂图

一题清纯然而无解的代数

一具独弦琴，拨动檐雨的念珠

一双达不到彼岸的桨橹

蓓蕾一般默默地等待

夕阳一般遥遥地注目

也许藏有一个重洋

但流出来，只是两颗泪珠

呵，在心的远景里

在灵魂的深处

（二）花中仙子仙客来

在白雪皑皑的世界里，大多的花儿都沉沉地"睡"去了，可是，还有一个美丽的它——仙客来！它乘着大地一片肃杀之际，努力的散发着"青春的气息"！

仙客来的叶，在中通外直的茎的支撑下，迅速地生长着，它的叶呈桃心状，叶片上心形的白色斑点又构成了一个小桃心；在叶下，则有微微的紫红色透过浅得发白的绿显露出来……这样和谐的美，简直就是无可言喻啊！

只适合在室内养的仙客来，花也与众不同，从骨朵到绽放，简直就是一段妙幻的演绎！

仙客来的花骨朵，每一片花瓣都紧紧地成团抱在一起，把头深深的垂了下去，活像一只低头沉思的仙鹤！

冬姑娘披着雪白的面纱来临了，仙客来的盛花期也随之到来了！沉思的仙鹤们也回过神来了……

先开的几朵带领着大小不等的花蕾含苞欲放，由少到多相继灿烂，几枝亭亭玉立的花朵像蝴蝶待飞雏燕展翅好看极了。妻原本对养花兴趣不大，瞧着天天变幻着的花容美姿，情不自禁的呵护、移动着，挪至卧室也生一夜清香；儿子受美的鼓舞，每天按时浇水侍弄还临摹了两张素描哩。这花也似有了灵性，一朵二朵三四朵，渐次开放挺拔而优雅，在这寂寞的冬天里不与名芳争宠，坚守在一隅展示着娇媚传递着春意。

细细观赏，矩形边沿桃形叶面呈水渍状的斑块，浓淡相宜纹理清晰，透明的维管束伸展支撑着开不败的花朵，纵然色衰叶枯，依旧是落英缤纷……

仙客来的花瓣不大，大体呈椭圆形，每朵花儿共5瓣，都向外生长着，把金黄的花蕊完全暴露在了外面，毫无遮掩！它的5片花瓣也姿色生香的生长着——2片朝下，2片平举，另一片则把头微微昂起，呈现出了一只振翅欲飞的仙鹤的模样来！

也许是阳光的照射和环境不同吧，仙客来的花瓣摸起来如丝绸缎带一般光滑细腻，薄如蝉翼！还有它的颜色——从最里面的玫红色，到花瓣中央的粉红色，然后是更淡的微红色，最后，便只剩下了花瓣顶端的白色了……

仙客来那前赴后继的精神也不得不令我们赞叹不已啊！仙客来单朵的花的生命是十分短暂的，但是，由于它们的无私，它们的忘我和它们的前赴后继……使得它们在严冬下，一拨又一拨的生长着！

仙客来虽然没有莲花的香远益清，虽然不如竹铿锵有力，但是它的婀娜多姿和那前赴后继的精神也足以令我们为之陶醉了！

27. 泰国国花——睡莲

一、简介

睡莲又称子午莲、水芹花，是属于睡莲科睡莲属的多年生水生植物，睡莲是水生花卉中名贵花卉。外型与荷花相似，不同的是荷花的叶子和花挺出水面，而睡莲的叶子和花浮在水面上。睡莲因昼舒夜卷而被誉为"花中睡美人"。睡莲的用途甚广，可用于食用、制茶、切花、药用等用途。睡莲为睡莲科中分布最广的一属，除南极之外，世界各地皆可找到睡莲的踪迹。睡莲还是文明古国埃及的国花。睡莲切花离水时间超过1小时以上可能使吸水性丧失，而失去开放能力。

二、睡莲花语

洁净、纯真、妖艳。相传睡莲是山林沼泽中的女神,意思便是"水中的女神"。

三、睡莲箴言:

安静的角落,所有的探索都是为了月光温柔的经过。

四、古韵

(一)七绝睡莲

睡里心思浮水面,
风生碧绿任缠绵。
清宵带露凝成梦,
朵朵阳光茎上妍。

(二)睡莲

红粉伊人枕波眠,
风掀碧裙任缠绵。
水晶珠儿滚入梦,
丝丝朝阳透绿帘。

(三) 虞美人·睡莲

莲湖春色美人靠，
池咏莲花早。
月明消磨夜无声，
日照影莲，莲瘦宿春风。
凭栏倾城开放日，
何地香飘寺？
酒堂秋水漂涟漪，
书生吻泪，珍惜音凄凄。

(四) 阮郎归·睡莲

池塘碧水漾微痕，
暗香来去熏。
蔓枝颤动醉黄昏，
甜甜睡美人。
花蕊密，
叶根匀，
清风一缕魂。
绿裙漂荡掩朱云，
娇娇满眼新。

(五) 秋池一株莲

弘执恭

秋至皆空落，凌波独吐红。
托根方得所，未肯即从风。

五、美好传说

  古埃及人称睡莲为"尼罗河的新娘",经常把它当作壁画上的主题。凡是受到这种花祝福而生的人,天生具有一股异性难以抗拒的魅力,可是却难以和同性朋友和平相处。因此谈恋爱的时候,就会与常人有着不同之处。但也有来自第三者的阻力,也就是情敌,因此那里的人对这方面非常的谨慎。川端康成在某个凌晨四点邂逅海棠,发现花未眠。

六、气质美文

(一) 睡莲

我想在原地画个圈
一个人独自坐在中间
夏天清凉冬天温暖
看月亮表演缺和圆
直到消失在遥远天边
我大声喊他听不见
在夜半,数星星消遣,寂寥无眠
我问睡莲,该怎么办?浮出水面
梦在对岸,没有船
夜中的眼有些疲倦
像一缕快要飘散的烟
还在期盼还在思念

遥望爱情的风景线

他在最高处拒绝见面

越追的急越走的远

在夜半，数星星消遣，寂寥无眠

我问睡莲，该怎么办？浮出水面

梦在对岸，没有船

倒影中的笑靥，随波浪变

你顾影自怜

模糊视线

沉默的睡莲

整夜不眠

醒来才发现

心还在从前

梦在对岸

没有船

（二）花会眠，七月的睡莲

我则于某个夏日下午邂逅睡莲，发现花会眠。遂感慨不已，这是怎样的花啊！

是莲，自有莲那冰清玉洁、不可侵犯的高贵；可也不是普通的莲，没那般"亭亭净植"高高在上的骄傲神态与张扬之气。就那么平心静气地在水面一躺，便是一份安然。她真的是花里的睡美人呢！任天边云卷云舒，身旁鱼来鱼往，就那么不卑不亢不慌不忙优雅无比地一卧，在纵横的莲叶之间，成为绝世风景！而且睡莲把这样的优雅与绚丽演绎到了一种极致，每当下午4点左右，她就会闭合花瓣，含苞不放——多么有气节的花啊，绝不附庸风雅阿谀逢迎，断不会因人们晚饭后方有怜香惜玉的闲情逸致而保持一份努力绽放的姿态；这又是一种智慧的花儿，你永远无法辨别今日之花是不是曾经邂逅的昨日之花，永远不知道每一朵花香消玉殒的模样，留在你脑海里的，每一朵都是绝世容颜！发现了这睡莲的美丽，没有理由不神思飞扬——"最是那一低头的温柔，像一朵水莲花不胜凉风的娇羞"，哪一种温柔与娇羞能有水莲花这样美丽？

发现了这睡莲的会眠，没有理由不怦然心动——

该如何，才可以拥有这花儿一般的宠辱不惊、安闲宁静？

该如何，才可以如这花儿让一份美丽与优雅持续到永远？

像一个梦被悬在半空，画笔落下的瞬间，一地的鸟鸣飞远。

7月的夜色端坐莲叶之上，一池的蛙鸣抑扬顿挫，柳荫深处谁的灯盏拨亮红颜？旧时的情爱如水间漂浮的紫萍，湿润着星空下倒伏秧苗。几只流萤飞来飞去，和着莲花那袅娜的舞姿。

月光独倚着她的矜持，如雨后斜阳的一个微笑，遗落在槐荫树下。一个前世未实现的梦，仍在娇阳下洁净透明。

再听听睡莲，听她悄悄绽开，摸摸她脸上潮湿的过去。以平静而安然的方式缅怀过去的岁月，平淡而单薄的日子里，日出日落都是一幅细致优雅的油彩画或是一幅水墨画，都有着跌宕起伏的旋律。

在水中央，在夜的深处。灯花寥落，夜色阑珊，一池从容的睡莲，矜持高贵，仿佛是古筝一曲，在时空隧道中不慎迷失了方向而堕落凡尘。

我醉了，醉在溶溶月色里，醉在红莲敞开的胸怀里，醉在一池幽香的涟漪里。

生活又被季节刷新了一页，携一缕清香，她踏月而来，静静地开出一朵莲心。

一朵安静的莲在阳光的照耀下，瞬间绽开，花瓣爆开的声音，

花的大千世界 下

是轻微的震动，是令人心跳的声音。

一抹嫩绿，在光的丝弦上流淌，一夜的相思终于据于枝头绽放。斜倚在篱笆墙上，描绘一首动人的诗。那湿润的，粘着泥土气息的情愫如飘逸的白云，挂在山间像一道山泉的浅唱低吟。

一朵安静的睡莲，在幽静的湖面上，舒展开自己，一个历经沧桑的人，在她面前彻底放松下来，那样地静立湖面，幽然独处，坦然地面对一切，并愉悦于生命中的点点滴滴。抑或把自己醉成一片茶色，无论怎么样浮沉，即使是苦涩，也是心底最甘美的一口。

一朵红莲绽开一池清辉，如梦的容颜在7月上空弥漫，如泉如月的弦音，梦想着、幻想着花瓣的仙气和露珠的清澈。远处那片芳草地上，倒伏一片鸟鸣，红莲的笑柔媚了大地的裂口，石头也绽开了笑容。

一定要等到7月的夜色，月亮爬上阁楼的窗，慢慢地醉，慢慢地飘。与李白独酌，与星辉共舞，再用一把蓝色琴弦奏出满腹的心事。让一颗心静卧于一泓秋水，沉浸于蓝天下水的世界。一半浮在湖面上，一半沉在湖心。

在经过一场暴雨后，一朵睡莲在池中静悄悄地开，外面的世界任其喧嚣，任期繁华，她依然静立。任那蓝天的白云飘飘，任那彩虹西斜，任那小舟上的笛音幽然，她依然静立。

短暂的沉默，寒冬已过春天到来。她的柔美令人陶醉，她的宁静令人向往，蜻蜓来过，鱼儿穿梭，她优雅地散开一身洁白的长裙。偶尔吐露出黄色的蕊丝，令那蝴蝶迷惑徘徊。

那一池幽幽的莲梦，那静静的忘忧河，恍若旧时梦中，朦胧中听到轻柔的低吟，都在那棵睡莲的一颦一笑之间。一个美丽而忧伤的传说，在莲的翠波里醒了。青雾中的梦，在忘忧河上流淌着，那是一粒佛珠再续的烟缘。

睡莲平静地浮出水面，幽雅的身姿弥漫在湖水上，缥缈的轻雾中，她探出羞涩的脸，当阳光穿过晨雾，照射到她红红的面颊，她慢慢地舒展开来，一朵接着一朵，一瓣接着一瓣，无穷无尽……

28. 坦桑尼亚国花—月季

一、简介

又名月月红，四季花，胜春，斗雪红，月贵红，月贵花，月记，月月开，长春花，月月花，艳雪红，绸春花，月季红，月光花蔷薇科。常绿或半常绿低矮灌木，四季开花，多红色，偶有白色，可作为观赏植物，可作为药用植物，也称月季花。自然花期5至11月，花大型，有香气，广泛用于园艺栽培和切花。中国是月季的原产地之一。为北京市、天津市等市市花、中国十大名花。月季被誉为"花中皇后"，有一种坚韧不屈的精神，花香悠远。

二、月季花花语

粉红色：初恋、优雅、高贵、感谢。

红色：纯洁的爱，热恋、贞节、勇气。

白色：尊敬、崇高、

纯洁。

　　橙黄色：富有青春气息、美丽。

　　绿白色：纯真、俭朴、赤子之心。

　　蓝紫色：珍贵、珍惜。

三、月季花箴言

　　步伐太快，让我们一直停不下自己的脚步往回看，看自己一路走来留下的脚印。太着急的去看结果，却往往让我们忽略了过程，走到最后，才明了丢失了太多的东西。

　　有时间空下来的时候，不妨给自己几分钟，不妨放慢点节奏，不妨呼吸下空气，抬头看下天空，看下周围的花草树木，感受下清风给你带来的意境，不经意间，你会感觉到有一缕缕阳光正漫漫环绕在你身上。暖暖的，直射心里。

四、古韵

（一）腊前月季

杨万里

只道花无十日红，此花无日不春风。
一尖已剥胭脂笔，四破犹包翡翠茸。
别有香超桃李外，更同梅斗雪霜中。
折来喜作新年看，忘却今晨是冬季。

(二) 所寓堂后月季再生与远同赋

苏辙

客背有芳丛，开花不遗月。
何人纵寻斧，害意肯留蘖。
偶乘秋雨滋，冒土见微茁。
猗猗抽条颖，颇欲傲寒冽。
势穷虽云病，根大未容拔。
我行天涯远，幸此城南茇。
小堂劣容卧，幽阁粗可蹑。
中无一寻空，外有四邻市。
窥墙数柚实，隔屋看椰叶。
葱蒨独兹苗，憨憨待其活。
及春见开敷，三嗅何忍折。

五、美好传说

传说，天底下的各种花都是由仙子管辖的，都是绝顶美丽的姑娘，在花容月貌中兼有那种花的风韵。

这一天，王母娘娘过生日，邀请各路神仙到瑶池盛宴。月季花仙子奉命要采取一篮子最大最美的月季，在某日某时某分赶到。月季花仙子很清高，她讨厌那些仙人贼溜溜的眼睛，但是身份所拘，她也只能提着一篮月季花，不得已地去了。

她衣袂飘飘、毫无情绪地走着，突然眼前一亮："啊！这是什么地方？居然如此秀美？"这里繁花似锦，男耕女织，一片祥和。月季花仙子不由得降下祥云，想仔细欣赏一番，缘分使然，邂逅了一位

花的大千世界 下

少年。

那异常清秀的双目,炯炯有神,透出英俊而坚毅的光芒,真是一个有风度的小伙子。她不由得粉颊微红,心中漾过一丝甜蜜蜜的热流,轻移莲步,上前说道:"请问这位大哥,这里是什么地方?"

"云峰山呀!"小伙子热情介绍,月季花仙子变得格外羞涩了。她凡心大动,故作忸怩地说:"大哥,俺想进山,能不能给俺……指指路。"

这当然是神仙在"略施小计",月季花仙子天宫仙子。能够腾云驾雾,还愁找不到山径?没别的,她只想找个借口跟眼前的小伙子多呆一会。她觉得在这小伙子身边特别甜蜜。

莱州小伙不仅长得英俊,而且待人特别热情。当下就热情应允,带着月季花仙子进山了。路上,月季花仙子因为有一个英俊的小伙在身旁,真像一个天真烂漫的少女,开朗灵动,见到蜂捕蜂,见到蝶捉蝶。淌过一条溪流,也要把又白又嫩的双足伸到里面。她问小伙子:"你是干什么的?"小伙子说:"我是个穷花匠。"这下子,月季花仙子更像逢上了"知音",对小伙子更含情脉脉了。乐极生悲:她正沉浸在那种自我陶醉的甜蜜中,忽然大叫一声:"不好!"想起了要去瑶池送花篮的事。这就顾不得与小伙子告辞,就急急忙忙跑回放花篮的地方。

天呐!那花篮里的月季花早已生根发芽了。

莱州土壤特别肥沃,号称"山东粮仓",再加上月季花仙子已对莱州情切意深,那生根发芽岂不是瞬间成型?她上前伸出玉腕,想把花儿拔出来,可那种念头生了根,是能以力相拔的吗?让花刺扎了一下,十分懊恼地缩回了手:"罢、罢、罢!凡心一生,只好听凭天宫惩罚了!"

她到了天宫,跪在王母娘娘面前领罪。

王母娘娘的瑶池里，百花竞相开放。见到了月季花仙子，才想起独缺月季。就问："你带来的月季花呢？"

月季花战战兢兢地说："奴婢过云峰山时，贪耍了一会儿，将花篮放在路边。不想就这么一会儿，月季花竟生根发芽了。"

"呔！你耍心太大，竟误天宫之事，哪里还配呆在天宫！"王母娘娘生气了，"来人呐，把她赶出南天门！发配莱州，陪伴她的月季花去吧！"

王母娘娘法旨一下，月季花仙子心下里窃喜："正中下怀，娘娘真是万般疼爱。"她当即奔出天宫，直奔莱州，找到了那个年轻的穷花匠。自然很快成亲了，但小伙子不知道妻子是月季花仙子，只觉得新婚的妻子又贤惠，又漂亮，对自己又十分贴心，似曾相识，可怎么也想不起来。

小俩口精心培育月季花。经他们摆弄过的月季花格外水灵，十分耐看。他俩又不知用了什么办法，让月季花什么颜色都有，什么姿态都有。莱州月季的名气可就大了。大到全国没人不知道。

29. 危地马拉国花——爪哇木棉

一、简介

原产热带美洲和东印度群岛，现广泛引种于东南亚及非洲热带地区，中国云南、广西、广东、海南等热带地区有栽培。喜光；喜暖热气候，耐热不耐寒；对土壤要求不严，耐瘠抗旱，忌排水不良。落叶大乔木，高约30米，有大而轮生的侧枝，幼枝干伸，有刺；掌状复叶互生，小叶5～9，长圆状披针形；花多数簇生于上部叶腋，花瓣淡红或黄白色，外面密被白色长柔毛，花期3～4月。多用种子繁殖，也可用扦插及嫁接法繁殖。爪哇木棉树体高大，树形优美，是优良的观赏树种，孤植、列植、群植均能构成美丽的景观。爪哇木棉为危地马拉国花。

二、木棉花语

珍惜、英雄。

三、神奇药用

主治：清热利湿，活血，消肿。治慢性胃炎，胃溃疡，泄泻，痢疾，腰脚不遂，腿膝疼痛，疮肿，跌打损伤。

四、古韵

木棉花歌

粤江二月三月天，千树万树朱花开。
有如尧射十日出沧海，更似魏宫万炬环高台。
覆之如铃仰如爵，赤瓣熊熊星有角。
浓须大面好英雄，壮气高冠何落落！
后出堂榴枉有名，同时桃杏惭轻薄。
祝融炎帝司南土，此花无乃群芳主？
巢鸟须生丹凤雏，落花拟化珊瑚树。

岁岁年年五岭间,北人无路望朱颜。
愿为飞絮衣天下,不道边风朔雪寒。

作品赏析

《木棉花歌》是陈恭尹仿乐府旧题而作的乐府诗。木棉,亦称"攀枝花"、"英雄花"。在清朝初年,民族矛盾非常尖锐,陈恭尹作为明代遗民,更有其父陈邦彦因抗清殉难,因而他对南明王朝就有一种特殊的感情。《木棉花歌》这首诗就通过对木棉花热情洋溢的歌颂,暗喻诗人对南明王朝的深切怀念。浓墨如泼,对木棉花进行了描写、歌颂和推崇。由远及近,由此及彼,选取不同角度,通过比喻、铺陈、对比、拟人等手法,对木棉花进行了着意的刻画,用心细密,诗人对南明王朝的怀念情真意切,委婉隐曲的叙说已经不能表达他难以抑制的心情,诗人按捺不住自己的激情,大胆地发出了最后的呼喊,蕴含诗人对南明王朝的深切怀念,凝聚着诗人对满清统治的极大愤慨,喊出了时代的最强音。

五、气质美文

(一) 凋零的木棉花

那一树盛开的火红的木棉
几株大朵的花
在清晨里,散落在树干与泥土之间
摔碎成片
宛如你着一袭红裙
在树下,在风中,起舞翩翩

仿若在晨曦里

你含泪的眼眸望着树枝缱绻

我捧起一朵

只因我想起

我那丢失了的青春时

一去不返的光年

（二）一份珍惜，一片感动

临近傍晚的一场春雨打落了一地的残红，那份惜花的心情让我倍觉这场风雨的凄凉和无情。

回家的路上，打开手机收到了这样一条短信：4月的第12天是木棉花开的日子，现在才知道，木棉花的花语是：珍惜身边人。4月的第12天给我想珍惜的朋友一个祝福，谢谢你的陪伴。

是啊，4月是木棉花开的季节，是该分离的季节？还是该珍惜的季节？

记忆中似乎对木棉花没有太清晰的印象，也好像从来没有真真切切的看过这种花，可知道它很美，是广州的市花，我想之所以选它当市花，自然是取了它又叫英雄花的原因。我想之所以又叫英雄花自然是因为它在花落的时候，还是以花开时候的样子旋转飘落，落的过程中自始至终保持着它绝美的姿态，没有丝毫的变形，只是在落地的刹那或许会跌落一地的纷红。

其实我也看过一次木棉花，但却是只有一面之缘，又是远观。那是在江南的一个小镇上，我工作过的地方。坐在车里，看见路边有高大的火红的花树随车的急驰而远去，那火红的美令我惊讶，那么大的一朵又一朵花，红的眩目，却没有看见一片叶子的陪衬。过后我问过同去的人，才知道那就叫木棉花，是先开过花才长叶子的，事后我也才知道，其实也可以说是叶子落了才开花的。从此那种美丽的红就藏在了记忆的深处。

可记忆中又应了那句：红颜薄命。最美的花怎么也脱不了凄凉的韵味。

罂粟花美的让人晕眩，又有谁能够舍的把它跟令人憎恶的毒品联想在一起？映山红的美跟杜鹃的美一样的让我想到那啼血的凄凉和悲壮；于是这木棉花总是让我联想到分手的恋人，总是在那高大的木棉树下说着分手的话语，有时头顶上正开着火红的木棉花，或许就是提醒着在彼此分手的时分要学会珍惜？其实，也只有失去的时候才会想到要珍惜，可那个时候又怎么能够珍惜的来？……

踩着那不是很清晰的对木棉花的记忆，一路恍恍惚惚的到家。好好的做了家人爱吃的菜，我想这也许就是我该珍惜的。饭后，饱饱的躺在床上，沉沉的睡去。

梦里有了一地被风吹落的残红，谁又能告诉我这些不知名的落英是否也有花语？它们的花语又该演绎成为怎样的故事？

轻轻的拨着琴弦，朋友，如同清风若即若离，水枝欲出般的曲调，在纷飞。

梦和美丽的诗一样，都是可遇而不可求的，常常在最没能料到的时刻里出现。深厚的友谊，就如同生命的馈赠。

每一个人当最初和你相遇，那种美好的感觉一直就如春天初放的花，那种温馨、那种自然、那种真诚、那种回忆，因此就一直弥漫在了你的生命中。为什么在人的交往中会有误会、费解、猜测和非议呢？只有淡淡的如水的情怀不就足够了吗？生活中常常有这样的情景，离别的亲人、朋友，有如曾经挥手的云彩，也似轻轻告别的康桥……最美的在心不在远处。

你知道木棉花的花语吗？

木棉花花语是:"身边的每一个人。珍惜的每一个片段。生活应当让咱们懂得,珍惜从前的,珍惜当初的,也要珍惜未来的,珍重身边那对你无所不至关心的,爱惜因生活忙碌忘记了联系的家人,珍惜我们所的工作跟生活,不管事件是好是坏,无论将来会是什么样,那些经历过的,感想过的,都会是最珍贵的记忆。

语思:若是有缘,时间、空间都不是距离。但是,相聚的日子总是短暂,请一定珍惜你的朋友、家人。

30. 乌拉圭国花——山楂花

一、简介

山楂花,又称山里红花,是蔷薇科苹果亚科的一个属,全世界有约200个种。在中国等地山楂和山楂花是药果兼用树种。山楂花可生用或炒黄焦用入药。山楂果实被广泛用于制造糖葫芦、果丹皮、山楂饼、山楂糕等酸甜口味的食物。

二、山楂花语

国际性。

三、山楂花箴言

只有确信成功的人,

才能克服所有困难。

四、神奇药用

山楂用于治疗缺铁性贫血、预防动脉粥样硬化、改善心律，有增强心肌、抗心律不齐、调节血脂及胆固醇含量的功能。

五、清新美味

（一）山楂粥

原料：山楂30～40克，粳米100克，砂糖10克。

做法：先将山楂入砂锅煎取浓汁，去渣，然后加入粳米、砂糖煮粥。

用法：可在两餐之间当点心服食，不宜空腹食用，以7～10天为一疗程。

功效：健脾胃，消食积，散淤血。

适用于高血压、冠心病、心绞痛、高脂血症以及食积停滞、腹痛、腹泻、小儿乳食不消等。

（二）荷叶山楂薏米减肥茶

材料：2～3人份荷叶干：10克（大约半块），山楂干15粒，薏米10克，陈皮10克，土冰糖3小块，水4碗。

做法：

1. 将荷叶干、山楂干、薏米和陈皮清洗干净；陈皮泡软后刮去白瓤；

2. 将上述材料放入锅中，注入4碗水，大火煮开，转小火煲30分钟；

3. 放入冰糖，待冰糖融化后即可关火饮用。

功效：调理脾胃，清肠排毒，降脂减肥，美白、改善肤质。适合胃肠负担过重，或想减肥人士饮用。

（三）山楂双耳汤

原料：银耳10克，黑木耳10克，山楂20克，冰糖30克。

做法：

首先把事先泡好的黑木耳和银耳洗去渣滓，择净。

然后把黑木耳、银耳、山楂放进砂锅里，再在砂锅中加入500克清水，接下来用中火煮约20分钟。

20分钟之后，加入冰糖，然后搅拌均匀，当冰糖完全化开，这道色泽诱人，还能降压的药膳——山楂双耳汤就可以出锅了。

这道药膳食用起来需要注意的是，脾胃虚寒，容易腹泻的人慎用，黑木耳有通便的作用，而山楂这种起消化作用的食品大量食用的话，也会使大便次数增多。

六、古韵

（一）山楂

风染田园绽玉葩，金枝碧叶笼云霞。

芳魂时醉心中月，秀骨常邀梦里花。

几度芳菲迎旧燕，数番情意化新芽。

眼前硕果时过往，占尽清秋入万家。

（二）七律山楂树

缀满悲伤点点红，黄昏独立怨匆匆。
听君一斫冬心话，老我千刀雪鬓风。
打马早知终过客，泣朱何苦效秋枫。
渐行渐远成空后，舞叶飞花雨暮穹。

七、美好传说

关于山楂花有许多传说。由于过去欧洲人认为山楂花可以阻挡恶魔和邪恶的咒语、法术，山楂往往被种在院子和田野的边上作为屏障。在中国山楂在中医中有使用。在美洲当地的印第安人也知道关于山楂的药用作用。

自古以来，基督教里就有将圣人与特定花朵连结在一起的习惯，这因循于教会在纪念圣人时，常以盛开的花朵点缀祭坛所致。而在中世纪的天主教修道院内，更是有如园艺中心般的种植着各式各样的花朵，久而久之，教会便将366天的圣人分别和不同的花朵和在一起，形成所谓的花历。

八、气质美文

（一）山楂树下的祝福

捡起一粒粒通红的山楂，
在这深秋的风雨之后。
我的心里仍然装着灿烂的春天，

透过绿叶斑斓看到你的文采意境。
只把鲜花献给佛陀是我的真诚!
我来到茂密的山楂林不见你的踪影,
我独自徘徊沁润这一片香韵流风。
是我无语的寂寞冷透你的心吗?
白天有许多要做的事向我扑来,
晚上披星戴月迎来黎明。
红彤彤的山楂已经攒聚成峰,
宛然一柱红蜡烛燃着牵挂光染帘栊。
我掬起叮咛的山楂寄给你,
请你放在佛案上摆供。
当你捧起这心情的山楂,
那是一抹朝霞映红千里的问候!
山楂会把距离缩成一点,
是我的祝福捧着一盏明灯。
"歌声轻轻荡漾在黄昏的水面上,"
我的歌声化做漫天的红霞层。
山楂树不会只结成酸酸的红果,
请铭记山楂林有我温馨的诗情!

(二) 山楂树

海子

今夜我不会遇见你
今夜我遇见了世上的一切
但不会遇见你
一棵夏季最后

火红的山楂树

像一辆高大女神的自行车

像一个女孩畏惧群山

呆呆站在门口

她不会向我

跑来!

我走过黄昏

像风吹向远处的平原

我将在暮色中抱住一棵孤独的树干

山楂树!一闪而过啊!山楂

我要在你火红的红裙下坐到天亮。

又小又美丽的山楂

在高大女神的自行车上

在农奴的手上

在夜晚就要熄灭

(三)前苏联歌曲—山楂树

歌声轻轻荡漾在黄昏的水面上,

暮色中的工厂已发出闪光,

列车飞快地奔驰,

车窗的灯火辉煌。

山楂树下两青年在把我盼望。

当那嘹亮的汽笛声刚刚停息,

我就沿着小路向树下走去。

轻风吹拂不停,

在茂密的山楂树下,

吹乱了青年旋工和铁匠的头发。
白天在车间见面，
我们多亲密，
可是晚上相见却沉默不语。
夏天晚上的星星看着我们，
却不明白告诉我，
他俩谁可爱。
秋天大雁歌声已消失在远方，
大地已经盖上了一片白霜。
但是在这条崎岖的山间小路上，
我们三人到如今还彷徨在树旁。
他们谁更适合于我心中的意愿？
我却没法分辨，
我终日不安。
他们勇敢又可爱呀，
人都一个样，
亲爱的山楂树呀，
我请你帮个忙！
啊，茂密的山楂树呀，
白花满树开放；
啊，山楂树呀山楂树，
你为何要悲伤哦，
最勇敢，最可爱呀，
到底是哪一个？
哦，山楂树啊山楂树，
请你告诉我。

31. 西班牙国花——香石竹

一、简介

香石竹即康乃馨，又名狮头石竹、麝香石竹、大花石竹、荷兰石竹。为石竹科、石竹属植物，分布于欧洲温带以及中国大陆的福建、湖北等地，原产于地中海地区，是目前世界上应用最普遍的花卉之一。它是一种大量种植的石竹科、石竹属多年生植物。通常开重瓣花，花色多样且鲜艳，气味芳香。1907年起，开始以粉红色康乃馨作为母亲节的象征，故今常被作为献给母亲的花。

二、香石竹花语

白色：甜美而可爱、天真无邪、纯洁的爱、纯洁、纯洁的友谊、信念、雅致的爱、真情、尊敬。

粉色：美丽、热爱、祝母亲永远年轻美丽；感动、亮丽、母爱、女性的爱、我热烈地爱着你。

红色：我的心为你而痛、赞赏、崇拜、迷恋、亲情、热烈的爱、热情、思念、祝母亲健康长寿、

祝你健康。

黄色：长久的友谊、对母亲的感谢之恩、拒绝、侮蔑、永远感谢、友谊深厚。

米红色：伤感。

深红色：热烈的爱。

桃红色：热爱着你。

杂色：拒绝你的爱。

紫色：任性、变幻莫测。

有斑纹的：拒绝、我不能和你在一起。

有条纹的：对不起。

三、香石竹箴言：

感到自己是人们所需要的和亲近的人——这是生活最大的享受，最高的喜悦。这是真理，不要忘记这个真理，它会给你们无限的幸福。——高尔基

四、神奇药用

《本草纲目》记载：康乃馨花茶性微凉、味甘、入肺、肾经，有平肝、润肺养颜之功效。近代医学证明，长期饮用花茶有祛斑、润燥、明目、排毒、养颜、调节内分泌等功效。

而且康乃馨具有滋阴补肾，调养气血，润肤乌发，强壮元气，调节内分泌等功效。

五、古韵

（一）云阳寺石竹花

司空曙

一自幽山别，相逢此寺中。
高低俱出叶，深浅不分丛。
野蝶难争白，庭榴暗让红。
谁怜芳最久，春露到秋风。

赏析：

作者以悠闲的心情描绘出石竹的形态，以蝶、榴衬托出对石竹的重视。

（二）石竹花

王安石

春归幽谷始成丛，地面芬敷浅浅红。
车马不临谁见赏，可怜亦解度春风。

赏析：诗人爱慕石竹之美，又怜惜它不被人们所赏识，在纤细青翠的花茎上，开出鲜艳美丽的花朵，花瓣紧凑而不易凋落，叶片秀长而不易卷曲，花朵雍容富丽，姿态高雅别致，色彩绚丽娇艳，更有那诱人的浓郁香气，甜醇幽雅，使人目迷心醉。

六、美好传说

（一）康乃馨，代表了爱，温情和尊敬之情，红色代表了爱和关怀。粉红色康乃馨传说是圣母玛利亚看到耶稣受到苦难流下伤心的泪水，眼泪掉下的地方就长出来康乃馨，康乃馨花瓣锯齿，像母亲为子女操劳的心。因此粉红康乃馨成为了不朽的母爱的象征。与玫瑰所不同的，康乃馨代表的爱表现为比较持久和温馨，适于形容亲情之爱，所以儿女多献康乃馨给自己的双亲。

（二）在希腊神话中，则有许多关于康乃馨的传说，相传希腊有一位以编织花冠为生的少女，因手艺精巧，家喻户晓。深受画家、诗人的欣赏，却因为生意极为兴隆，招来同业的妒忌，终致被暗杀。太阳神阿波罗为了纪念这位少女，将她变成秀丽芬芳的康乃馨，因此在希腊，有人称康乃馨为花冠，王冠，推崇其神圣的地位。

（三）在法国，则传说康乃馨是女神黛安娜害怕被一位英俊潇洒的牧羊童诱惑，而将他的眼睛挖出来丢到地上变成的，所以法国人将康乃馨称"小眼睛"。亦有传说康乃馨是基督诞生时，这花才从地下长了出来，所以是喜庆之花。无论如何，一年之中，无论喜庆哀乐都有它的芳容出现，尤其母亲节时更少不了它。

母亲节赠给母亲的鲜花——康乃馨。大家都知道每年五月的第二个星期日是一个极有温情的节日——母亲节（Mother'sDay）。这天，细心、孝顺的子女都会买一束康乃馨，亲手送给生养自己的母亲，以感谢她多年的养育之恩。追溯该节的由来还有一段感人的故事呢！

1906年5月9日是一个平常的日子，可对于美国费城的安娜·贾维斯来说却是个悲痛欲绝的日子，因为这天，她深爱的母亲永远地离她而去了。在这以后她每天以泪洗面，怀念不已。1907年在母亲去世周年的纪念会上，她希望大家都佩带白色的康乃馨鲜花，纪念她的母亲，并提议每年5月的第二个星期天为母亲节。于是她给许多有影响的人写了无数封信，提出自己的建议。在她的努力下，

1908年5月10日,她的家乡费城组织举行了世界上第一次"母亲节"的庆祝活动。随后,美国西雅图长老会带头开展颂扬母爱的活动。美国著名的大文豪马克·吐温（MarkTwain）亲笔写信给安娜·嘉维斯小姐,赞扬她这项伟大的创举——这将在人类历史上产生深远的影响。他表示自己也将带上白色的康乃馨来悼念慈爱的母亲。经过安娜与大家的不懈努力,美国国会终于在1914年5月7日通过决议：把每年5月的第二个星期日定为全国母亲节,以表示对所有母亲的崇敬和感激；并由威尔逊总统在同年5月9日颁布实行。1914年5月14日在美国举行了全国规模的第一个母亲节。1934年的5月,美国首次发行母亲节纪念邮票,邮票上一位慈祥的母亲,双手放在膝上,欣喜地看着前面的花瓶中一束鲜艳美丽的康乃馨。随着邮票的传播,在许多人的心目中把母亲节与康乃馨联系起来,康乃馨便成了象征母爱之花,受到人们的敬重。康乃馨与母亲节便联系在一起了。人们把思念母亲、孝敬母亲的感情,寄托于康乃馨上,康乃馨也成为了赠送母亲不可缺少的礼物。后来,"母亲节"为全世界人民所接受,在这天,儿女们或干家务,让操劳一生的母亲好好休息一下；或陪母亲外出郊游；或送给母亲礼物……但无论是什么庆祝形式,都少不了美丽的康乃馨花。

语思：

就是在我们母亲的膝上,我们就获得了我们的最高尚、最真诚和最远大的理想,但是里面很少有任何金钱。——马克·吐温

32. 新加坡国花——万代兰

一、简介

　　万代兰，是洋兰家族里的一名强者。属于兰科万代兰属，属内有约 50 个原始种，杂交品种非常丰富，是极为重要的花卉之一。本属多为附生性，也有部分岩生性或地生性兰花，分布于印度、喜马拉雅山脉、东南亚、印度尼西亚、菲律宾、新几内亚、中国南方及澳大利亚北方。寓意事业千秋万代的"万代兰"，学名为梵语 Van-da，意思是挂在树身上的兰花。我国把它译为"万代"，缘于它有顽强的生命力，寓意世世代代永远相传。

二、万代兰花语

　　有个性，顽强。

三、万代兰箴言

　　一种顽强的毅力可以帮助人度过难关，一种坚韧的精神可以在废墟中重建。成功之路从不平坦，只要有顽强的毅力就能实现自己所定的目标。只要心不死，志不灭，就没有达不到的目的地。

四、古韵

（一）题画兰

郑燮

身在千山顶上头，突岩深缝妙香稠。

非无脚下浮云闹，来不相知去不留。

语思：人在清风往来处，花开花落两由之。

（二）咏兰

朱德

越秀公园花木林，百花齐放各争春。

惟有兰花香正好，一时名贵五羊城。

语思：大人不华，君子务实。

（三）咏兰诗

张学良

芳名誉四海，落户到万家。

叶立含正气，花研不浮花。

常绿斗严寒，含笑度盛夏。

花中真君子，风姿寄高雅。

语思：高行微言，所以修身。行为高尚，辞锋不露可养身心。

（四）芳兰

李世民

春晖开紫苑，淑景媚兰场。
映庭含浅色，凝露泫浮光。
日丽参差影，风传轻重香。
会须君子折，佩里作芬芳。

（五）幽兰赋

韩伯庸

阳和布气兮，动植齐光；惟披幽兰兮，偏含国香。吐秀乔林之下，盘根众草之旁。虽无人而见赏，且得地而含芳。于是嫩叶旁开，浮香外袭。既生成而有分，何掇采之莫及？人握称美，未遭时主之恩；纳佩为华，空载骚人之什。光阴向晚，岁月将终。芬芳十步之内，繁华九畹之中。乱群峰兮上下，杂百草兮横丛。况荏苒于光阴，将衰败于秋风。岂不处地销幽，受气仍别。萧艾之新苗渐长，桃李之旧蹊将绝。空牵戏蝶拂花蕊之翩翩，未遇来人寻芳春而采折。既生幽径，且任荣枯。幂轻烟而葱翠，带淑气而纷敷。冀雨露之溥及，何见知之久无。及夫日往月来，时占岁睹，迈达人之回盼，披荒榛而见。横琴写操，夫子传之而至今；入梦为征，燕姞开之于前古。生虽失处，用乃有因。枝条嫩而既丽，光色发而犹新。虽见辞于下士，幸因遇于仁人。则知夫生理未衰，采掇何晚。幽名得而不朽，佳气流而自远。既征之而未见，寄愿移根于上苑。

五、美好传说

1981年，新加坡选定卓锦·万代兰作为国花。卓锦·万代兰亦称胡姬花，由福建闽南话音译Orchid（兰花）一词而来。

卓锦·万代兰是兰花的一种。它优美的特征是容貌清丽而端庄、超群，又流露出谦和、优雅，体现着新加坡人民高尚的气质。它有一个姣美的唇片和五个萼片，唇片四绽，象征新加坡四大民族和马来语、英语、华语和泰米尔语四种语言的平等。花朵中心的恋柱，雌雄合体，寓意幸福的根源。花由下面相对的裂片拱扶着，代表着和谐，同甘苦、共荣辱。花的唇片后方有一个袋形角，内有甜蜜汁，象征财富汇流聚集的处所。把恋柱上的花粉盖揭开，里面有两个花块，像两只"金眼"，象征着高瞻远瞩。它的茎向上攀援，象征向上发达、兴旺。它的花一朵谢落，一朵又开，象征新加坡国家民族的命脉，世代流传。具有无穷的信心和希望。还因为在最恶劣的条件下，它也能争芳吐艳，象征着民族的刻苦耐劳，勇敢奋斗精神。

六、气质美文

（一）自然的哲学大师——一株幽兰

题记："挺挺花卉中，竹有节而啬花，梅有花而啬叶，松有叶而啬香，唯兰独并有之。"

——王贵学

原本与荒草没什么两样，只有芬芳流溢的时候，心才泊上了你的岸，幽绝天地间！

从孔夫子的一句感叹中，漫向中国文化土壤。以花为语言，讲述山中日月，清修之道，以果实做生命总结。当果实裂开之后，你的思想从中飘向山野……

无论是哪个季节，都有芳踪留下，季节捆绑不了你的思想。从不刻意妖艳，要白就白得透彻，像圣洁的雪花；要红便红得热烈，如晚秋的枫叶。或黄或绿也仅是淡淡一抹。

静静地闻着兰香，是一次无法说清的生命体验。香而不浊，清却不淡，当生命溶入幽绝的香魂中，便如同走进深山一座静谧的古寺，听一位得道高僧谈禅，浮躁、忧烦都已随之消尽。

兰是一位深沉渊博的哲学大师，孔子、屈原、陶渊明都受过她的教导。从古至今都是一身朴素的绿。执着的生命意识，清高散淡的处世哲学，任世事诱惑，都永葆一份纯净的心怀。

生存从不选择，或生于悬崖上，或长于古树梢，或卧在涧水旁，只为了让生命能体验多种生存方式，自甘淡泊，乐道安贫。

听惯了高山流水之声，也就感悟了其中蕴意。兰的品格中饱含着高山流水情韵的真髓。人间美好的交往称之为义结金兰。兰贯穿了中国古人与今人的思想，凝结为中华文化最深厚的一部份。

冰霜风雪无法封闭你的心扉，永远绿一丛深情。二月兰以香作剪，剪破滞重的空气，独立的一朵花，婷婷于春寒料峭中。踏过冻土走进沉睡的灵魂中，小麦便在残雪中绿了起来。

告别了二月，走在盛夏的路上，以清凉的暗香扑灭人们心头的烦躁与暑热，四季兰大踏步走来。从初夏到深秋，横穿两个季节。凝聚所有真诚，用冷香淹没夏天，夏日能被兰香沐浴是一种幸福。

笑傲严霜的不仅仅是岁寒三友。寒兰在这时节别无选择，伫立霜风中，以绿叶、花朵、暖香筑一道温馨的墙，站在墙里，全是你大自然的关怀。

冷寂的冬日，不仅仅是梅花独唱冰雪中。年年春节，你绽放虔诚的祝福，人们亲切地叫你报岁兰。一年的苦苦等待，就为了这一天，霜雪岂奈何！

在山中，你读山、读月、读流水、读清风，也读一个个寂寞的日子，悟出了天地万象。近些年，也被有缘人带到城里，城里人想从你的身上读自然山川，你却要在物欲横流充满诱惑的都市里洁身自爱。

没有了山，没有了水，你把高低的楼房当作起伏的山峦；把川流的人群车队想作了流水，你释然了。谁悟出了你的无言之言，便可越过历史栅栏，找孔子聊天，请教他当初道出"兰当为王者香"的心境。

你是一部博大精深的书，读你，永远都有新感觉。气清、色清、神清、韵清正是你浩荡的精神。

面对你，我的心全是远山、浩气……

33. 匈牙利国花——天竺葵

一、简介

天竺葵，别名洋绣球，原产南非，是多年生的草本花卉。叶掌状有长柄，叶缘多锯齿，叶面有较深的环状斑纹。花冠通常五瓣，花序伞状，长在挺直的花梗顶端。由于群花鲜艳，密集如球，故又有洋绣球之称。花色红、白、粉、紫，颜色变化很多。花期自初冬开始直

至翌年夏初。

二、天竺葵花语

红色天竺葵：你在我的脑海挥之不去。

粉红色天竺葵：很高兴能陪在你身边。

深红：愉快，安乐。

黄：意外的相逢。

银叶：回想。

深色：郁闷。

香料用：盼望的相逢。

野生品种：虔诚，坚定的。

斑叶：真挚的友谊。

三、神奇药用

是神经系统的补药，可平复焦虑、沮丧，还能提振情绪。让心理恢复平衡，而且由于它也能影响肾上腺皮质，因此它能缓解压力具有止痛、抗菌、增强细胞防御功能、除臭、止血、补身的作用。天竺葵适用于所有皮肤，能深层清洁肌肤、收敛毛孔、平衡油脂分泌。

四、古韵

天竺葵

（一）

冬暖夏凉最爽身，健康心态长精神；

笑容五彩茸球舞，吐气双香梗叶抻。
祖谓南非游四海，孙称印度误三村；
精油液露玫瑰魅，润嫩肌肤醉九春。
（二）
盆中翠捧彩球艳，白诱红心往上翻。
一眼入情难忘去，风流志在百花园。
（三）
大唐西游传中土，异香扑鼻有知音。
花开花落古钢琴，黄河流域最多情！

五、美好传说

传说，天竺葵是上天为奖赏拯救世人的穆罕默德而创造的。在穆罕默德逃亡期间，一天在河边洗衣服，将洗好的衣服放在草地上，由于疲倦，不知不觉睡着了。当他醒来时，他被眼前的场景惊呆了，那些湛蓝湛蓝的小花静静的包围着他，整片的，仿佛花海一般，而且散发着浓郁的清香，这些花就是天神赐给穆罕默德为伴的花，天竺葵，来慰藉他疲惫的心，赞许他无私的行为，伟大的思想。

六、气质美文

风帝翠幕天竺葵

周忠应

天竺葵又名石蜡红、洋绣球，为牻牛儿苗科牻牛儿苗属植物。天竺葵叶密，四季翠绿，一度夏日竞相开放，鲜艳夺目，异常热闹，是一种常开不败的好花。

　　天竺葵的花是一簇一簇的。一簇就像一个绣球，独立地长在一根长长的茎竿上，决不与另一簇相联系。而那根茎竿看上去虽然细细地、长长地、柔弱无力，实际上却十分坚韧，把那个硕大的绣球高高地举起，像是要让全世界的人都向她侧目，都为她喝彩。

　　天竺葵有很多分枝，分枝上长满了叶子。她的叶子与众不同，像扇子又像荷叶还像小碟子。天竺葵叶子的形状特别，颜色更加奇怪。刚冒出的嫩叶中心是绿色的，里面一圈是紫色的，最外面的一圈又是绿色的。当叶子长大后，外面一圈的颜色由绿色慢慢转变成了淡红色。

　　如果把天竺葵的叶子看作是绿色的原野，那么它的花就是在原野上燃烧的篝火。篝火是能够取暖的语言，站在天竺葵跟前，仿佛靠近一堆篝火，我似乎看见氧和阳光一串串穿过来，然后站在火苗上向我们微笑，甚至告诉我们燃烧是怎样的执着、怎样的辉煌、怎样的痛快。

　　天竺葵是燃烧着的，她艳丽的火光让我感到浑身燥热，就像靠近一位妩媚的女人，让人的心脏狂跳不已。也许天竺葵就是一个燃烧的女人吧，自从她莅临我的阳台后，我几乎像是着魔似的，有一种想日夜观赏的心情。

　　也许天竺葵长得并不是十分出众，她最能打我心灵的是她的热烈，是她的执着。

　　天竺葵落户我家阳台后，长势很旺，很快就长成了满满的一盆，开出了一片红色的花朵，远远望去，就像着了火似的。我父亲六十大寿那天，我将这盆天竺葵端进了客厅，慎重地向朋友们介绍我的爱植，我说她是位很懂风情的美女，她的每一朵花就像每天献给你的一个热烈的吻呢。

因为那天客多，忙上忙下，让我忽略了这株深入我心灵的天竺葵。到了晚上客人走尽，夜深人静的时候，我才记起天竺葵，忙去客厅寻找，不料她却不翼而飞了。我感到心里有一种无限的失落。妻子笑说是花痴，一株普通的天竺葵有什么好让人牵肠挂肚的？妻子不懂我的心思，我觉得天竺葵是我花心中的皇后，如今皇后被人掠走了，有一种山河破碎，城池失守的感觉。

人总有一种占有美，征服美的本性。宋时有这样一个故事，柳永跟孙何是少年朋友，但两人的境遇却判若霄壤。孙是威风八面的杭州太守，而柳则仍只是一名能写歌词的作家。尤其令柳感到难堪的，孙的门卫数次拒绝柳进门拜访故人。回到旅馆，柳心中觉得窝囊之极，想当年自己跟孙太守可是兄弟，而现在就是想见他一面都那么不容易！于是他填了首《望海潮》的词："东南形胜，三吴都会，钱塘自古繁华。烟柳画桥，风帘翠幕，参差十万人家。云树绕堤沙。怒涛卷霜雪，天堑无涯。市列珠玑，户盈罗绮，竞豪奢。重湖叠巘清嘉。有三秋桂子，十里荷花。羌管弄晴，菱歌泛夜，嬉嬉钓叟莲娃。千骑拥高牙。乘醉听箫鼓，吟赏烟霞。异日图将好景，归去凤池夸！"

写罢这词，柳永就去找歌女楚楚。楚楚在一次宴会上婉转悠扬地唱起了柳永的这词曲。孙何一听，大为高兴，就问这么好的歌词究竟是谁写的，楚楚回答是柳七。孙当即命人邀请故人柳永参与府会。柳永这阕名作很快便传遍全国，而且还传到了金国。金主完颜亮读到这词中"有三秋桂子，十里荷花"等句时，心中不禁极为羡慕杭州这天然秀丽的景色，心想，有朝一日我也拥有这天堂里的风物，那该是多么美妙的人生啊！于是，他竟率领大军南下，投鞭渡江，一路迤逦着进攻北宋来了。

34. 也门国花——咖啡

一、简介

咖啡为茜草科多年生常绿小乔木,是一种园艺性多年生的经济作物,具有速生、高产、价值高、销路广的特点。咖啡品种有小粒种、中粒种和大粒种之分,前者含咖啡因成分低,香味浓,后两者咖啡因含量高,但香味差一些。

二、咖啡花语

优雅、时尚、高品位

三、神奇药用

咖啡碱可用来制成麻醉剂、兴奋剂、利尿剂和强心剂以及帮助消化,促进新陈代谢。

四、古韵

咖啡花

镂花白玉叶,珊瑚珠子结。

冒雨看咖啡，留连不忍归。

花开常带雨，香味浓如乳。

山鸟夜来呼，明朝拾落珠。

五、美好传说

关于人们发现咖啡的传说很多，有一种传说是，13 世纪，埃塞俄比亚有个王子，发现他的骆驼非常爱吃一种灌木上的小浆果，而且吃后显得格外兴奋，精力充沛，于是他自己也采了一些小浆果品尝，于是就发现了这种提神醒脑的咖啡饮料。

另一种传说是，公元前 500 年的一天，一个埃塞俄比亚的牧羊人把羊群赶到一个陌生的地方放牧。在一个小山岗上，羊群吃了一株小树上的小红果，傍晚归来后，羊群在围栏中一反常态，不像平日那样安详温顺，驯服平静，而是兴奋不已，躁动不安，格外活泼，甚至是通宵达旦地欢腾跳跃，主人原以为羊吃了什么草中毒了，几次起床打起灯火细看，但却见羊群精神抖擞，活蹦乱跳，不像中毒疼痛的样子。

第二天早上，牧羊人准备把羊群赶到另一个地方放牧，打开围栏后，羊群拼命地往长有小红果的小山岗跑，牧羊人怎么鞭打阻拦都无济于事，当牧羊人精疲力竭之时，只好尾随羊群来到小山岗上。牧羊人见每只羊都争抢着去吃小红果，感到十分奇怪，于是就采摘了一些小红果反复咀嚼品尝，发现这种小红果浓郁苦涩，而且香甜。放牧归来，牧羊人感到精神无比兴奋，一夜难以入眠，甚至心情愉悦，手舞足蹈跳起来。小红果的神奇作用很快传开了，埃塞俄比亚的牧羊人四处采摘小红果品尝，并拿到市场上出售。后来，这种小红果就发展成了当今世界最走红的咖啡饮料。

六、气质美文

我与我的咖啡豆

穿过艳神秘的紫荆林,阳光从碧绿的叶片轻轻洒下,安静落在高低起伏的小路上,每一叶都透着光亮与暖意。兰潭就在林外静静流淌着,有如美人的泪珠一般,晶莹而清澈。水气与光影笼罩着初春林中漫步的我。

转进一条僻静的小径,一路林荫淡淡,鸟鸣如故。就在林荫尽头,阵阵未曾闻过的浓郁幽香,迎面袭来,这才发现已置身于一排七里香的围篱外,这香气不属于七里香,我直觉地判断。

"啊!我找到了!是它!"同伴兴奋地指着眼前一棵陌生的植物,只见它每枝茎干成发射状,垂生的绿叶缀着成串的白花,花朵小巧灵性,气味清淡。阳光下飘散的馥郁香气、强光透照的婆娑树影、林外、波光潋滟的粼粼水波,视觉、触觉、嗅觉交织成一片唯美迷离的景致。

直到走出林子,白花的幽香依旧好像久久不散,真是"此香只应天上有,人间那得几回闻"啊!久久萦绕心间的香气,促使我一探它身世。

而我怎么也料想不到,那竟是咖啡树!精致的白花,就是"咖啡花"!融合了茉莉、香橙的咖啡花香,对照咖啡煮好后的苦味,真是难以相信。

几天后我又来重看咖啡花,迫不及待地穿过七里香幽幽小径,直奔咖啡树下。谁知,思念的幽香早已如"雁过长空,影沉寒水",欲觅无踪。

一朵朵白花，转眼间变成一颗颗小巧可爱的绿色果实，不久它们将成为鲜红的颗颗小果，之后采收下来烘焙，便成为人们所熟知的褐色咖啡豆了。

每一颗咖啡豆，都曾是一朵可爱的咖啡花。前者是"果"，后者是"因"，无"因"哪来的"果"呢？世上一切现象都是一种因果关系的存在，没有事物或现象可以独立生起，必须有因缘相互依存，才能产生结果。

不论我们相信与否，因果皆如实存在，这样的法则一直存在于天地之间。人的祸福果报，也是由自己所种的善因、恶因而来，又岂能心存侥幸或怨天尤人呢？在咖啡树下，我再次感动于佛陀所揭示的关于因果法则的真理。

离去前，回首寻望湖边林间咖啡花的前世今生，我会记住这难忘的幽香，明年开花时，我一定重来旧地，因为"人间万事消磨尽，只有清香似旧时"啊！

语思：要想拥有高品质的生活，必须高效率的奋斗，这，也是因果法则。

35. 伊朗国花——大马士革月季

一、简介

月季，被称为花中皇后又称"月月红"，蔷薇科。常绿或半常绿低矮灌木，四季开花，多红色，偶有白色，可作为观赏植物，可作为药用植物。自然花期5至11月，花大型，有香气，广泛用于园艺栽培和切花。月季花种类主要有切花月季、食用玫瑰、藤本月季、地被月季等。大马士革月季是伊朗国花。红色月季则是伊拉克国花。

二、月季花语

粉红色月季的花语和象征代表意义：初恋、优雅、高贵、感谢。

红色月季的花语和象征代表意义：纯洁的爱，热恋、贞节、勇气。

白色月季的花语和象征代表意义：尊敬、崇高、纯洁。

橙黄色月季的花语和象征代表意义：富有青春气息、美丽。

绿白色月季的花语和象征代表意义：纯真、俭朴、赤子之心。

黑色月季的花语和象征代表意义：有个性和创意。

蓝紫色月季的花语和象征代表意义：珍贵、珍惜。

三、古韵

（一）腊前月季

杨万里

只道花无十日红，此花无日不春风。

一尖已剥胭脂笔，四破犹包翡翠茸。
别有香超桃李外，更同梅斗雪霜中。
折来喜作新年看，忘却今晨是冬季。

(二) 所寓堂后月季再生与远同赋

苏辙

客背有芳蘩，开花不遗月。
何人纵寻斧，害意肯留卉。
偶乘秋雨滋，冒土见微茁。
猗猗抽条颖，颇欲傲寒冽。
势穷虽云病，根大未容拔。
我行天涯远，幸此城南茇。
小堂劣容卧，幽阁粗可蹩。
中无一寻空，外有四邻市。
窥墙数柚实，隔屋看椰叶。
葱蒨独兹苗，愍愍待其活。
及春见开敷，三嗅何忍折。

四、美好传说

很久以前，神农山下一户高姓人家，家有少女名叫晴儿，年方十八，温柔文静，很多公子王孙前来提亲，晴儿都不钟情。因为她有一老母，终年咳嗽、咯血，多方用药，全然无效。于是，晴儿背着父母，张榜求医："治好吾母病者，小女愿以身相许。"一位名叫仲原的青年揭榜献方。晴儿的母亲服其药后，果然痊愈。晴儿果然不负所言，与仲原结为秦晋之好。洞房花烛夜，晴儿询问，这是什么神方？如此灵验，仲原回答说："月季，月季，清咳良剂。此乃祖传秘方：冰糖与月季花合炖，乃清咳止血神汤，专治妇人病。"晴儿深深地记在心里，十分佩服。

五、气质美文

从来都不言语，
无视大丽花的张扬，
倔强地坚挺着头颅，
睥睨那寒风的侵袭。
从来都不言语，
瞟觑啄木鸟的彩翼，
洒脱地伸展着分枝，
感受那秋雨的洗礼。
腋下的钢刺严防着伤害，
叶上的芽眼喷发着希冀。
娇艳的花瓣，
润色着多彩色泽，
挥发无尽的香气；
矮小的排列先后顺序，
盘烛着大小花蕾，
点燃成片的绿地。
小草瑟缩着呜咽，
你传递给人们火热的情意；
大树无奈地嘶鸣，
你抖落带走了残叶的委屈。

大树的颓败，
反衬你的顽强，
烘托你的乐观；
小草的枯黄，
凸显你的坚韧，
彰显你的奇异。
至于朝露，
至于冷雨，
至于晚霞，
至于云翕，
那是你的最爱，
那是你的痴迷。
不似草花般轻佻的来，
而是执拗中悲壮地去。
像铁骨般的梅花，
在那凛冽的风中欢喜；
在那逆境中自由洒脱。
叶，纵肆在地上，
根，深扎在地里，
花，缤纷在天空，
刺，怀揣在袖际。
用赤红的花朵，
装扮人间的生机；
用成团的花簇。
点缀尘世的神奇。
拒绝昙花一现的短暂，

只想以一生擎起四季。

你，就是自我的你！

宁做烈风中的项羽。

月季品格

月季花是中国十大名花之一，自古就有花中皇后的美称，人们也用最美的词汇赞美它。

在姹紫嫣红的百花园中，月季花容秀美，千姿百色，芳香浓郁，四时常开，不负"花中皇后"之名，深受人们喜爱。无数诗人文士，都用一些优美的诗句来赞颂月季。宋代徐积《咏月季》诗曰："谁言造物无偏处，独遣春光住此中，叶里深藏云外碧，枝头常借日边红，曾陪桃李开时雨，仍伴梧桐落叶风，费尽主人歌与酒，不教闲却卖花翁。"

我欣赏月季，欣赏热烈的月季。月季属于那种风风火火的花。它无拘无束地绽放，热烈奔放地示爱，放荡不羁地争宠，汪洋恣肆地宣泄，不仅花艳形美，色香兼备，而且"一年常占四时春"、"花开花落无间断"。春雾弥漫的时节，月季是一盏盏醒目的灯；鲜花竞放的日子，月季是一颗颗耀眼的星。月季的热烈、月季的沉毅、月季的执着，让人很难自持，不得不频首回眸。

我欣赏月季，欣赏独特的月季。越是美丽的东西，越是需要呵护、需要关爱。月季用警觉的刺，守卫着花，守卫着缕缕来自灵魂的静香。花因刺的冷峻而愈显魅力，因刺的坚毅而倍加美丽。月季花就是像东坡居士所咏的"花落花开无间断，春来春去不相关"的（因此在中国，玫瑰常被称为月季）。在我的花瓶里，玫瑰花就从四月插到十月，从书案窗台上映散着艳彩和清香。

我欣赏月季，欣赏自信的月季。月季藐视苍穹，无意于是否在永恒中绽放，无意于是否在瞬间中凋零，无意于世俗的飞短流长，在自信中坦然轮回。生为死铺垫，死为生孕育。月月开放，月月凋谢。敢生，也敢死，生和死，一直在纠缠、在格斗、在交锋……

我不但喜爱玫瑰的色、香、味，我更喜爱它花枝上的尖硬的刺！它使爱花的人在修枝剪花时特别地小心爱抚，它也使狂暴和慌忙的抢花、偷花的人指破血流、轻易不敢下手。我认为花也和人一样，要有它自己的风骨！

因为月季，因为欣赏，我的梦里梦外，一直回荡着花开花落的声音。

36. 印度国花——荷花

一、简介

水芙蓉，属睡荷科多年生水生草本花卉。地下茎长而肥厚，有长节，叶盾圆形。花期6月~9月，单生于花梗顶端，花瓣多数，嵌生在花托穴内，有红、粉红等多种颜色，或有彩文、镶边。荷花种类很多，分观赏和食用两大类，原产亚洲热带和温带地区，我国早在周朝就有栽培记载。

二、荷花的花语

清白、坚贞纯洁。

三、荷花箴言

和与荷同音,孔子有两句话,一是说"和而不同";一是说"和为贵"。中华文化所说的"和",绝不是不讲差异和矛盾的调和。而是指存在着差异性和多样性后的贯通融合。这种贯通融合才是最为可贵的。

四、神奇药用

《本草纲目》中记载说荷花,荷子、荷衣、荷房、荷须、荷子心、荷叶、荷梗、藕节等均可药用。荷花能活血止血、去湿消风、清心凉血、解热解毒。荷子能养心、益肾、补脾、涩肠。荷须能清心、益肾、涩精、止血、解暑除烦,生津止渴。荷叶能清暑利湿、升阳止血,减肥瘦身,其中荷叶简成分对于清洗肠胃,减脂排瘀有奇效。藕节能止血、散瘀、解热毒。荷梗能清热解暑、通气行水、泻火清心。

五、古韵

(一) 苏幕遮·燎沉香

周邦彦

燎沉香,消溽暑。鸟雀呼晴,侵晓窥檐语。叶上初阳干宿雨。

水面清圆，一一风荷举。

故乡遥，何日去？家住吴门，久作长安旅。五月渔郎相忆否？小楫轻舟，梦入芙蓉浦。

（二）晓出净慈寺

毕竟西湖六月中，风光不与四时同。

接天荷叶无穷碧，映日荷花别样红。

赏析：

首句看似突兀，实际造句大气。这一句似脱口而出，却为最直观的感受，因而更强化了西湖之美。果然，"接天荷叶无穷碧，映日荷花别样红"，诗人用一"碧"一"红"突出了荷叶和荷花给人的视觉带来的强烈的冲击力，荷叶无边无际仿佛与天相接，气势恢宏，既写出荷叶之无际，又渲染了天地之壮阔，具有极其立体的空间造型感。"映日"与"荷花"相衬，又使整幅画面鲜活生动。全诗明白晓畅，过人之处就在于先写感受，再叙实景，从而造成一种先虚后实的效果，感受到六月西湖"不与四时同"的美丽风光。

六、美好传说

荷花相传是王母娘娘身边的一个绝色侍女——玉姬的化身。当初玉姬看见人间人们相亲相爱，男耕女织，十分好奇，因此动了凡心，在河神女儿的陪伴下逃出天宫，来到杭州的西子湖畔。西湖秀丽的风光使玉姬流连忘返，忘情地在湖中玩耍，到天亮也舍不得离开。王母娘娘知道后用荷花宝座将玉姬打入湖中，并让她"打入淤泥，永世不得再登南天"。从此，天宫中少了一位美貌的侍女，而人间多了一种娇艳水灵的鲜花。

在古典文学巨著《红楼梦》中，传说晴雯死后变成芙蓉仙子，贾宝玉在给晴雯的殁词《芙蓉女儿诔》中道："其为质，则金玉不足喻其贵；其为性，则冰雪不足喻其洁；其为神，则星日不足喻其精；其为貌，则花月不足喻其色。"无论如何荷花总是与女儿般的冰清玉洁联系在一起的。

七、气质美文

本色

那种摇曳，或许比静止更能持久！其显现之本色，赢了多少美誉。可以说静止，似乎与陨灭之后残存物的气息没有多少不同，表征的乃是不再的"存在"，其性征如"场"一般。兼以日月的浸染，心境由此而生的对应外物的"念念"之形，却不尽是外物之影了。此超乎"形态"的东西，似乎占据了非常重要的位置，把持了我的倾向。如是，在不自觉中，凭天地之标示，平静而朴素的生活着。脑子只装自然之物生长的情势，亦把盛衰茂枯，摄入眼球，制作成一帧一帧的影像，装饰每一个真实生活的场景。亦或为未来的时光作一些引领，窥见一些先知的情状。

丢弃名绳利锁，人之行走，会怎样？

世间之万物，不乏这样的一类，其光辉是人性化的，或与人之禀性相照应。即使其形遁容销，于其之失所，总有相续的品质酿制的馥郁，被文明所传承，予人以得，滋人之思，润人之怀。因此，其有一种虚化的善美，散逸于音乐、美术、文赋。

尾随于悠远，而与当前接壤的阴影，以若含欲吐之迟疑，欲进却退之踯躅，反复研磨，使其成为譬如信念一样的东西，或曰憧憬，或曰缅怀。

如花的幻象，其芬芳却是那么具体，浮浮于光亮或黑暗。其犹如古典辞赋保存下来的意境：没有风，只是清新的气息；没有花朵的凋敝，只有温润色泽的交换；没有声音，只有回应天然的乐曲。什么样的意象会如此高洁，只有灵眸才能感触其存在呢？

荷，就是这样的象征。

说到荷，人们更容易用到周敦颐的句子："出污泥而不染，濯清涟而不妖。"于蓑翁说来，泥何来之污呢？妖而有态，摇而生风。其实，也天之造物的一种妙趣。浊而尤使清之至清，若丑之于美，美尤美矣！

谁识其原有的风貌呢？风指引的方向，将引领人走到何处呢？茫远，可以感知的茫远，以及不可感知的茫远，骚客的文辞，被月色吟成千古绝唱。

荷，确实已经成为文化符号，沿袭。蓑翁，更不想荷在污浊的现实里失去其本质与特性，而坚持原则。

蛮横的商业移植，强行的商业开发，是打文化的幌子，而招摇撞骗。这种千方百计把精神化为可以计价的物质的时代，正在丧失什么呢？我一直都想，用一种特别的方式，希望得到某些收获，然后，用移觉来指引现实。或以其最内髓的元素，构造纯洁的形而上的生命基因。也自一些与荷花相关的诗词采撷超越人文的素养，制作可以掌控的别于宿命的宿命。用纯净的心态，酿生命过程必需的佳酿。也使纯粹的阴晴，没有偏颇地引导人之作息。

37. 印度尼西亚国花——毛茉莉

一、简介

毛茉莉,科属:木犀科茉莉花属、木犀科、素馨属,原产印度。毛茉莉花朵洁白、馨香,香气尤如茉莉花,花期长,且于冬、春季节开放,宜盆栽室内装饰。

二、毛茉莉花语

忠贞、尊敬、清纯、贞洁、质朴、玲珑、迷人。

三、神奇药用

目赤肿痛,迎风流泪,用适量毛茉莉煎水熏洗;或配金银花9克,菊花6克,煎水服。

四、古韵

(一)行香子·茉莉花

姚述尧

天赋仙姿,玉骨冰肌。向炎

威，独逞芳菲。轻盈雅淡，初出香闺。是水宫仙，月宫子，汉宫妃。笑江梅，雪里开迟。香风轻度，翠叶柔枝。与王郎摘，美人戴，总相宜。

（二）满庭芳·茉莉花

环佩青衣，盈盈素颜，临风无限清幽。出尘标格，和月最温柔。堪爱芳怀淡雅，纵离别，未肯衔愁。浸沉水，多情化作，杯底暗香流。凝眸，犹记得，菱花镜里，绿鬓梢头。胜冰雪聪明，知己谁求？馥郁诗心长系，听古韵，一曲相酬。歌声远，余香绕枕，吹梦下扬州。

（三）再试茉莉二绝

范成大

熏蒸沉水意微茫，全树飞来烂熳香。
休向寒鸦看日景，秖今飞燕侍昭阳。
忆曾把酒泛湘漓，茉莉球边擘荔枝。
一笑相逢双玉树，花香如梦鬓如丝。

五、美好传说

茉莉花在菲律宾人民心目中是纯洁、热情的象征，是爱情之花，友谊之花。

传说有一情郎把一枝茉莉花赠给他追求的姑娘，从此茉莉成了青年男女之间表示坚贞爱情的心声。

在国际交往中，把雪白的茉莉花环，挂在客人颈上垂到胸口，表示敬重与友好。至于何以会有"誓约花"这个别名呢？这里有段传奇般的,唯美的故事:相传在菲律宾,有一位名叫"葳葳"的公主,她和另一个部落的王子相恋,两人彼此深爱,而且已经有了婚约,可祸从天降,王子在一次国土的保卫战中身先士卒,战死沙场,公主由于伤心过度得了重病,不久也同赴黄泉追随王子去了。

国人将王子和公主安葬后,墓地上竟长出了两株茉莉花朝夕相偎相依,让人为他们凭吊感怀。

因为有了这个传说,所以菲律宾人将茉莉花看成是"爱的誓言",喜欢亲近它、呵护它。也因此茉莉花就成了菲律宾的国花。

六、气质美文

紫茉莉

林清玄

我对那些接着时序在变换着姿势,或者是在时间的转移中定时开合,或者受到外力触动而立即反应的植物,总是把持着好奇和喜悦的心情。

播种在园子里的向日葵或是乡间小道边的太阳花,是什么力量让它们随着太阳转动呢?难道只是对光线的一种敏感?像平铺在水池的睡莲,白天它摆出了最优美的姿势,为何在夜晚偏偏睡成一个害羞的球状?而昙花正好和睡莲相反,它总是要等到夜深人静的时候,才张开笑颜,放出芬芳。夜来香、桂花、七里香,总是愈黑夜之际愈能品味它们的幽香。还有含羞草和捕虫草,它们受到摇动,就像一个含羞的姑娘默默地颔首。还有冬虫夏草,明明冬天是一只枯虫,夏天却又变成一株仙草。

在生物书里我们都能找到解释这些植物变异的一个经过实验的

理由，这些理由对我却都是不足的。我相信在冥冥中，一定有一些精神层面是我们无法找到的，在精神层面中说不定这些植物都有一颗看不见的心。能够改变姿势和容颜的植物，和我关系最密切的是紫茉莉花。

我童年的家后面有一大片未经人工垦殖的土地，经常开着美丽的花朵，有幸运草的黄色或红色小花，有银合欢黄或白的圆形花，有各种颜色的牵牛花，秋天一到，还开满了随风摇曳的芦苇花……就在这些各种形色的花朵中，到处都夹生着紫色的小茉莉花。

紫茉莉是乡间最平凡的野花，它们整片的丛生着，貌不惊人，在万绿中却别有一番姿色。在乡间，紫茉莉的名字是"煮饭花"，因为它在有露珠的早晨，或者白日中天的正午，或者是繁星布满天空的黑夜，都紧紧的闭着；只有一段短短的时间开放，就是在黄昏夕阳将下的时候，农家结束了一天的劳作，炊烟袅袅升起的时候，才像突然舒解了满怀心事，快乐地开放出来。

每一个农家妇女都在这个时间下厨做饭，所以它被称为"煮饭花"。

这种一二年或多年生的草本植物，生命力非常强盛，繁殖力特强，如果在野地里种一株紫茉莉，隔一年，满地都是紫茉莉花了；它的花期也很长，从春天开始一直开到秋天，因此一株紫茉莉一年可以开多少花，是任何人都数不清的。

最可惜的是，它一天只在黄昏时候盛开，但这也是它最令人喜爱的地方。曾有植物学家称它是"农业社会的计时器"，她当开放之际，乡下的孩子都知道，夕阳将要下山，天边将会飞来满空的红霞。

我幼年的时候，时常和兄弟们在屋后的荒地上玩耍，当我们看到紫茉莉一开，就知道回家吃晚饭的时间到了。母亲让我们到外面玩耍，也时常叮咛："看到煮饭花盛开，就要回家了。"我们遵守着母亲的话,经常每天看紫茉莉开花才踩着夕阳下的小路回家,巧的是,我们回到家,天就黑了。

从小,我就有点痴,弄不懂紫茉莉为什么一定要选在黄昏开,有人曾多次坐着看满地含苞待放的紫茉莉,看它如何慢慢的撑开花瓣,出来看夕阳的景色。问过母亲,她说:"煮饭花是一个好玩的孩子,玩到黑夜迷了路变成的,它要告诉你们这些野孩子,不要玩到天黑才回家。"

母亲的话很美,但是我不信,我总认为紫茉莉一定和人一样是喜欢好景的,在人世间又有什么比黄昏的景色更好呢?因此它选择了黄昏。

紫茉莉是我童年里很重要的一种花卉,因此我在花盆里种了一棵,她长得很好,可惜在都市里,她恐怕因为看不见田野上黄昏的好景,几乎整日都开放着,在我盆里的紫茉莉可能经过市声的无情洗礼,已经忘记了她祖先对黄昏彩霞最好的选择了。

我每天看到自己种植的紫茉莉,都悲哀地想着,不仅是都市的人们容易遗失自己的心,连植物的心也在不知不觉中迷失了。

语思:像一株茉莉,沉淀浮华,悠然绽放,必会向世间渗透出心灵最美的气质。

38. 中国国花牡丹

一、简介

牡丹原产在中国西部秦岭和大巴山一带山区,为多年生落叶小灌木，生长缓慢，株型小。牡丹是我国特有的木本名贵花卉，素有"国色天香"、"花中之王"的美称，长期以来被人们当成富贵吉祥、繁荣兴旺的象征。牡丹以洛阳牡丹、菏泽牡丹最富盛名。牡丹根皮入药，名曰"丹皮"，可作为盆景植物观赏，花朵颜色缤纷，有粉色，红色，白色等等，粉色以粉中冠，白色以景玉较为出名。

二、牡丹的花语

圆满、浓情、富贵，统领群芳，地位尊贵。更值得赞颂的是，它美而不张扬，大而不狂妄，香而不媚俗，贵而不高傲。秋牡丹：生命、期待、淡淡的爱。红牡丹：花型宽厚的红花，被称为百花之王，花语是'富贵'。紫牡丹：花瓣呈紫色的牡丹，花语是'难为情'。白牡丹：寓意高洁、端庄秀雅、仪态万千、国色天香。

三、牡丹花箴言

真正的谦虚只能是对虚荣心进行了深思以后的产物。——博格森

四、古韵

（一）牡丹

薛涛

去春零落暮春时，泪湿红笺怨别离。常

恐便同巫峡散，因何重有武陵期？

传情每向馨香得，不语还应彼此知。只欲栏边安枕席，夜深闲共说相思。

赏析："去春零落暮春时，泪湿红笺怨别离。"别后重逢，思念，亦有无限的期盼。画面静谧优美，动静衬映。面对眼前绚烂的牡丹花，却从去年与牡丹的分离落墨，把人世间的深情厚意浓缩在别后重逢的特定场景之中。

"传情每向馨香得，不语还应彼此知。"两句既以"馨香"、"不语"映射牡丹花淡雅的特点，又以"传情"、"彼此知"关照前文，行文显而不露，含而不涩。花以馨香传情，人以信义见着。花与人相通，人与花同感，所以"不语还应彼此知。"

高潮："只欲栏边安枕席，夜深闲共说相思。""安枕席"于栏边，如对故人抵足而卧，情同山海。深夜说相思，见其相思之渴，相慕之深。这相思，如烟，袅袅升腾，然后弥散在空气中，飘散……烟已断，情更深。

语思：你是否经受得住离愁别绪之苦，是否能不为海角天涯失落惆怅，一往情深？

（二）郡庭惜牡丹

徐夤

断肠东风落牡丹，为祥为瑞久留难。青春不驻堪垂泪，红艳已空犹倚栏。

赏析：东风打落牡丹加剧此时此地的孤独之感，不管怎样，它让人们想得很远、很沉，一种惆怅之情使人不能自已。概述时光之无情，上片写牡丹零落，下片写时光流逝，触景生情，相思难禁。词中"青春不驻"、"红艳已空"等句，用意超脱高远，表现了一种明净澄彻而又富于概括意义的人生境界。

语思：可知一生纵短，虽憾不悔，任身旁云流，可知庆幸与你相识相知相伴而走今生。

（三）题御笔牡丹

王国维

摩罗西域竞时妆，东海樱花侈国香。阅尽大千春世界，牡丹终古是花王。

赏析：作者心境自由，浪漫，阅尽大千世界，暮然回首，依旧是牡丹最艳最美，无可取代。

语思：不拓心路，难开视野。视野不宽，脚下的路也会愈走愈窄。行走的途中，必然会见到最美的风景。

（四）白牡丹

韦庄

闺中莫妒新妆妇，陌上面惭傅粉郎。

昨夜月照深似水，入门唯觉一庭香。

赏析：运用了对比的手法，写出了白牡丹的颜色之美，不过他不是拿花与花进行同类对比，而是通过"新妆妇"和"傅粉郎"的描写，烘托白牡丹颜色之白，使花带有了人的喜好与情感。除了写花白之天下无双，诗人还写了花香之浓郁：夜色如水，万籁俱寂，此时只有白牡丹的花香悄悄地弥漫开来，花儿香了，人也香了，心儿醉了。如果说，鲜艳的红牡丹属于热闹的白天的话，那么，娴静的白牡丹则属于沉寂的夜晚。

语思：情景对了，因为心境对了。

（五）牡丹花 唐

罗隐

似共东风别有因，绛罗高卷不胜春。
若教解语应倾国，任是无情亦动人。
芍药与君为近侍，芙蓉何处避芳尘。
可怜韩令功成后，辜负秾华过此身。

赏析：

　　罗隐的诗常常带有没落的，冷冷的讽刺意味，讽刺着世间的不公。他把关注的目光更多放在了审视考场与人际之上，对许多凭借谄媚，奉承而飞黄腾达的人，罗隐常会投去凌厉的目光，即使在欣赏着牡丹的时候，也不忘讽刺一下那些趋炎附势之人。

　　牡丹随着东风，一起开谢，当是别有原因吧，是不是因为它能赢得东君眷顾？就好比昔日杨贵妃是玄宗的一枝解语花……是啊，牡丹也是一样，只要有着倾国之美，即使无情，不也一样动人么？美艳的芍药也只是牡丹你的近侍罢了，芙蓉也为了避开你的芳尘而挤入了池中去，可怜啊，没有想到，如此美艳的牡丹，也有被韩弘这种人砍掉的时候，当韩令做成了事之后，牡丹的秾华也便被辜负了。而且，罗隐这首从反面称赞牡丹的诗，几乎没有怎么写牡丹，不写花之美，花之开，花之谢，而是以花喻人，罗隐的牡丹正是他独特的光芒，使之格外引人注目。

语思：

　　找到自己生活的使命所在，倾听自己内心的声音，远远胜过他人的目光和期许。现在就回归到自己的心灵，了解自己，倾听内心的需求，做你希望成为的人。

五、气质美文

名人与牡丹

中国著名的国画画家俞仲林擅长画牡丹。

有一次，某人慕名买了一幅他亲手所绘的牡丹，回去以后，很高兴地挂在客厅里。

他的一位朋友看到了，大呼不吉利，因为这朵花没有画完全，缺了一个边角，并且牡丹代表富贵，缺了一角，岂不意味"富贵不全"吗？

这人一看也大为吃惊，认为牡丹缺了一边总是不妥，拿回去想请俞仲林重画一幅。俞仲林听了他的顾虑，灵机一动，告诉这个买主，牡丹代表富贵，缺了一边，不就是"富贵无边"吗？

那人听了俞仲林的解释，满心愉快地捧着画回去了。

语思：同样一件事情，角度不同、看法不同，就会产生不同的认知。所以我们凡事多往好处想，就会少生烦恼、苦恼，而多有愉悦、平安。两人同时望向窗外，一人看到满天繁星，一人看到污泥不堪。

下 篇 花的大千世界

39. 八仙花

一、简介

又名绣球、紫阳花,为虎耳草科八仙花属植物。八仙花花洁白丰满,大而美丽,其花色能红能蓝,令人悦目怡神,是常见的盆栽观赏花木。中国栽培八仙花的时间较早,在明、清时代建造的江南园林中都栽有八仙花。20世纪初建设的公园也离不开八仙花的配植。现代公园和风景区都以成片栽植,形成景观。

二、八仙花花语

在英国,此花被喻为"无情"、"残忍"。

在中国,此花被比喻为:希望、健康、有耐力

的爱情、骄傲、冷爱、美满、团圆。

三、八仙花箴言

人的变化总在不经意间，在别人还未曾留意的时候，甚至连自己都还未来得及察觉的时候，过去的那个自己已经一去不复返了。若干年后的某个时刻，你可能突然惊讶自己为何变成了这样子，然后回忆过往追根溯源，才发现变化也许是从起初一个不经意的选择开始就已默默注定的，毫无预兆却又不可动摇。然后，你就和周围人渐行渐远，像一颗蒲公英被风吹上天空，打个转儿，就告别了原来栖居的地方。大风起于青萍之末，就是这样。

四、古韵

咏八仙花

春缨徐徐若芸丹，七彩缤纷虹影姗。
摇碧楼台莺绣梦，湍清水榭燕惊寒。
幽香淡淡开芳径，逸韵悠悠散紫檀。
羡杀八仙追浪至，朝朝采露宴琼欢。

五、神奇药用

（一）相关文献

1. 《现代实用中药》："抗疟药，功效与常山相仿。又用于心脏病。"

2.《四川常用中草药》："治疟疾，心热惊悸，烦躁。"

（二）实用妙方

1. 治疟疾：八仙花叶15克，黄常山10克，水煎服。
2. 治肾囊风：粉团花七朵，水煎洗患处。
3. 治喉烂：粉团根，醋磨汁；以鸡毛涂患处，涎出愈（选方出《现代实用中药》）。

注意：毒性。在大家想象中它就像棉花糖和大圆面包一样理所当然是可以食用的，但实际上，一旦吃了八仙花，几小时后就会出现腹痛现象，另外的典型中毒症状还包括皮肤疼痛、呕吐、虚弱无力和出汗，还有报告说病人甚至会出现昏迷、抽搐和体内血循环崩溃。庆幸的是，现在已研制出一种八仙花中毒的解毒剂。

六、美好传说

传有一次八仙到瑶池参加王母娘娘的蟠桃会，回来路过东海，惊动了东海龙王。龙王的九个儿子奉命到海面上打探。其中龙王七太子看见八仙中的何仙姑容貌美丽，就在海面上兴风作浪，趁机把何仙姑抢到龙宫中去。其它七位大仙勃然大怒，各自举起手中的法宝，化作七条赤色鳞甲火龙，对着海面喷出烈焰，霎时间，海水滚滚沸腾起来。东海龙王在龙宫中觉得酷热难熬，听见外面震耳欲聋的巨响，龙宫摇晃得更加厉害，问明情由后，怒斥七太子，亲手将他绑起来，又请何仙姑坐上龙轿，由其它八个龙子抬着，升到海面向众仙请罪。七位神仙见何仙姑平安返回，龙王又亲自押七太子前来请罪，也就怒火平息，表示愿意化干戈为玉帛。龙王向八仙献花表示歉意。八仙把鲜花带到了神州，那花儿团团锦簇，宛如一个大绣球，果然是花艳叶美，绚丽多彩，不同凡响，百花园中又增添了靓丽的风景。人们知道这种花儿是八仙带来的，便亲切地叫它"八仙花"。

七、气质美文

六月精灵紫阳花

悄悄的，六月过去了一半，长长的梅雨季节也开始了，随之花团簇拥而来的是雨中精灵紫阳花如林、如丛、如锦、如绣的绽放。曾经，淅淅沥沥的六月雨总是让人有些惆怅，让人莫名地徒有一种"梅雨细，晓风微，倚楼人听欲沾衣。故园三度群花谢，曼倩天涯犹未归。"的千古情绪，那婉约般的情调总好像是剪不断，理还乱，才下眉头又上心头。

每天早晨上班，打伞的日子越来越多，透过雨伞看到路边或民家庭院里淡淡的紫阳花在雨中晶莹剔透斗妍怒放。数年前，一首白居易的诗"何年植向仙坛上，早晚移栽到梵家。虽在人间人不识，与君名作紫阳花。"让我喜爱上了紫阳花，也懂得了欣赏六月雨。

紫阳花，因为土壤中的酸碱度而不断改变颜色，酸性土花呈蓝色，碱性土花为红色，被赋予了花中千面女郎之称，见异思迁的花语。加之她在雨季幽幽怨怨的开放，很多人认为是不吉之花，难登风雅之堂。可是，正是紫阳花五颜六色的变化，无声地演绎着这湿热阴雨时节的姹紫嫣红，而用她微妙的色调表现出的"幸福的蓝色新娘捧花"给六月新娘带来意外的惊喜。

六月雨尽情地下，滴滴答答打在屋檐上，淹没了城市的喧嚣；

花的大千世界 下

一把伞撑起一片天空，会让伞下人激起无限遐想。友人曾挥毫写过一副字"听雨"，意境非常美，讨了来，作为保存。

每当置身四月时我会去想倾听花开花落，体会那静谧无声的内心感受。而六月时节来听雨，即有"随风潜入夜，润物细无声"的喜悦心情，让人享受一幅如烟似雾的优美的水墨画；也有"溪云初起日沉阁，山雨欲来风满楼"的逼人气势，宛如亲身感受狂风暴雨的争鸣，倾听它愤慨凄楚的心声。更有南宋词人蒋捷的《虞美人》，将听雨的意境表现到了极致：

少年听雨歌楼上，红烛昏罗帐。
壮年听雨客舟中，江阔云低断雁叫西风。
而今听雨僧庐下，鬓已星星也。
悲欢离合总无情，一任阶前点滴到天明。

无论是"壮年听雨客舟中，江阔云低断雁叫西风"所表现的漂泊他乡人生无定的寂寞，还是"梧桐更兼细雨，到黄昏、点点滴滴。这次第，怎一个愁字了得。"所表现的内心的愁绪与哀情，多是让人惆怅和忧伤的情调。"客心已百念，孤游重千里"。有人说想雨的时候，就是心事积攒得很沉很重的时候，心情像枯渴的禾苗盼着雨的到来。非也！此时，看着窗外连绵不断的细雨，心中描绘着"黄梅时节家家雨，青草池塘处处蛙"的美景，感恩这滋养和启发着世间万物的天地使者，享受着雨中精灵的娉娉袅袅。我不禁庆幸因对花的喜好而对雨有新的感悟；更深深感谢听雨赏花带给我的这份宁静心情。

春赏花秋品枫、冬咏雪夏听雨。我如愿以偿描写了四季的美。

40. 半枝莲

一、简介

半枝莲，又名：狭叶韩信草。茎细而圆，平卧或斜生，节上有丛毛。叶散生或略集生，圆柱形，长1厘米-2.5厘米。花顶生，直径2.5厘米-4厘米，基部有叶状苞片，花瓣颜色鲜艳，有白、深、黄、红、紫等色。蒴果成熟时盖裂，种子小巧玲珑，棕黑色。6月~7月开花。园艺品种很多，有单瓣、半重瓣、重瓣之分。花期5月~6月。果期6月~8月。具清热解毒、活血祛瘀、消肿止痛、抗癌等功能。

二、半枝莲花语

阳光、朝气；太阳越火辣，它开的就越灿烂，因此，她的花语还是希望和向上。

三、半枝莲箴言

生命是可以自如舒展的空间，是演绎人生的舞台。在这个舞台上，不管有多少风霜雪雨相伴，阳光温暖永远是人生

的主旋律。每天给自己一份朝气，精神饱满地迎接新的开始；每天给自己一个希望，义无返顾地奔向既定的目标；每天给自己一点信心，生机勃勃地向上进取。虽然人生中有许多事情是难以预料的，但半枝莲的永远都向着太阳，从不放弃希望。付出一份汗水，就会长成一片绿荫；只要每天给自己一个希望，人生就一定会充满阳光。

四、神奇药用

功能主治清热，解毒，散瘀，止血，利尿消肿，定痛。治吐血，血淋，赤痢，黄疸，咽喉疼痛，疔疮，疮毒，癌肿，跌打刀伤，蛇咬伤。

五、古韵

七绝·半枝莲

巴西出产半枝莲，茎细斜生花瓣鲜。
解毒清喉实一绝，太阳底下总随缘。

六、美好传说

半枝莲，又名韩信草，常用于治疗跌打损伤、吐血、咯血、脓肿痔疮等疾病，"韩信草"这个名字是怎么来的呢？

相传，汉朝开国元勋大将军韩信幼年丧父，青年丧母，家境贫寒，靠卖鱼苦苦度日。一天，韩信在集市卖鱼时，被几个无赖打了一顿，卧床不起。邻居赵大妈送饭照料，并从田地里弄来一种草药，给他煎汤服用,没过几天,他就恢复了健康。后来,韩信入伍从军,成为战功显赫的将军,他非常爱护士兵,每次战斗结束后,伤员都很多,他一面看望安慰,一面派人到田野里采集赵大妈给他治伤的那种草药。采回后,分到各营寨,用大锅熬汤让受伤的士兵喝,轻伤者三五天就好,重伤者十天半月痊愈。战士们都非常感激韩信,舍生忘死地战斗,打了一场又一场胜仗,为韩信赢得了赫赫成功。

大家听说韩信也不知道这种草药叫什么名字,于是,就想给这种草药起个名字,有人提议叫"韩信草"。于是,"韩信草"的名字就这样叫开了,并一直流传至今。

六、气质诗文

(一) 甘于奉献的半枝莲

在故乡的田边
我知道你叫半枝莲
小小的蓝花
把田埂铺满
一壶苦茶
陪伴爷爷一个夏天
淡淡的清香
漾在粗瓷大碗
谁能记得你的名字
谁能认得你的容颜
你那细细的茎叶里
饱含生命的甘泉

乡下人有了你

就不怕生病

头疼脑热

就喝你的苦茶一碗

多年之后

才知你是抗癌的灵药

你以最低贱的身躯

发出最尊贵的宣言

哦，小小的半枝莲

你莫不是菩萨

为众生奔忙的汗珠

滴落在人间

（二）追日之花半枝莲

有一种花，普通的不能再普通了，那其貌不扬的样子，你可能不会多看它一眼。花儿也没有挤在春天里争艳斗奇，当春天里的花朵张扬着妖艳时，它才刚刚萌芽。夏日的阳光似乎特别呵护它，总是用一种炽热与热情，笼罩着它瘦弱的身躯。一直到长大。直到枝头上孕育出谷粒般大小的花蕾。也许是感恩阳光的哺育，当盛夏来临，骄阳似火的时候，它向着太阳，回报出一朵朵艳丽的小花。我说的这种花，就是太阳花，也就是半枝莲。

太阳花，属马齿苋科，老百姓俗称马齿苋花。因为喜欢在阳光下开放，又称太阳花。太阳花的花朵不大，但青春，亮丽。枝叶细小圆润，青翠似玉一般。盛开的花朵如莲。且花色繁多，有白的，黄的，红的，紫的。花瓣有单瓣的，多瓣的，当数多瓣的花朵最美。我曾在一位朋友家的阳台上，见到一盆各种花色混栽在一起的太阳花，每当盛开之际，五颜六色，可谓姹紫嫣红。把炎热的夏天装扮的五彩斑斓。

　　一次，我看到一本关于花卉的书，知道了太阳花的植物名，叫半枝莲。暗想，一棵普普通通的小花，竟然有一个这么富有诗意的名字。这不禁让想起另一种花卉，睡莲。当然，这两种花卉之间，没有丝毫的内在联系。但一个"莲"字，让我多了一丝联想。我知道，睡莲开花，是在夜深人静时，也就是晨曦之前开放。那娇姿欲滴的花瓣，静静的立在水中，依偎在荷叶身旁，让人顿生了似水的柔情。而太阳花虽冠以一个"莲"字，那清新的花朵，却是伴随着东升的太阳而开放的。写到这里，我的脑海里突发奇想，难道睡莲是月亮的女儿，半枝莲是太阳的女儿吗。

　　有时想想，半枝莲是太渺小，太平凡了，那些名贵花卉的艳丽与娇容，远远胜于太阳花之上。你也许见过，或者是自己，把比如君子兰之类的名花，置于厅堂之上，供于观赏。可谁也没有见过那一家，把一盆太阳花摆放在客厅或者书房。看来太阳花的地位实在微小。但尽管这样，我还是喜欢它，如果说君子兰是一位富人家的千金小姐，让人敬而远之，那么半枝莲就像邻家的一个阳光女孩，感觉亲切可近。

　　小小半枝莲，的确是一种平凡的花，但万物总是这样，再平凡的人和物，都会有美丽的一面。当我走在上班的路上，看到炎炎烈日下，一位环卫工人弯腰拾起路人丢弃的果皮时，我看到了高尚。在公交车上，一位学生给一位老人让座的时候，我看到了品质。当我看到一位农民工站在捐款箱前，从汗迹斑斑的口袋里掏出十元钱，毫不迟疑的把钱投进去的时候，我看到了质朴。在这个平凡人群中，不经意间，美丽总会在一处处绽放，让人多了一份感动。一如半枝莲一样，平凡而美丽。

41. 碧桃花

一、简介

又名千叶桃花，原产我国北部和中部。喜阳光充足环境，耐旱，耐高温，较耐寒，畏涝怕碱，喜排水良好的沙壤土。花重瓣、桃红色。核果球形，果皮有短茸毛。花期4～5月。原产中国，世界各国均已引种栽培。

二、碧桃花花语

消恨、时光。

三、古韵

（一）咏碧桃

苏东坡

鄱阳湖上都昌县，

灯火楼台一万家，

水隔南山人不渡，

东风吹老碧桃花。

（二）碧桃

香浮袭远袅轻烟，霞晖初映幽闲。

叠云微露醉春酣，娇媚嫣然。

风致华滋色润，垂枝翠叶洁鲜。

红绡瓣影意阑珊，惋叹流年。

四、气质美文

意兴阑珊碧竹桃

院子里的亭子旁有几株碧桃树，起初当她是普通的桃花，只是开起来照眼明媚，竟是分外的艳炙，诗经中那"灼灼其华"的可是这碧桃花？那样鲜丽的花瓣真是光鲜到了极致，这样隆重热烈的美，仿佛一个女人情爱正浓、青春鼎盛的时候，似乎等不急地要把满腔的情意尽数倾吐，是那样的恣情纵意，不管不顾。或开怀大笑，或敛首莞尔，怎么样都是美。每次花开，红光耀眼，在树下屏息驻足，心里欢喜又无限怅惘。满树娇红烂漫，万枝丹彩纷呈，总不忍这样的美转瞬即逝，"桃花春色暖先开，明媚谁人不看来。"只是花期已过，"可惜狂风吹落后，殷红片片点莓苔。"多情的诗人长叹："花飞莫遣随流水，怕有渔郎来问津"。因为韶华胜极，必有一衰，又如何留得住她。

从诗经中那一朵被人们寄予宜室宜家厚望的即将出嫁的桃花美

人开始，数千年来这桃花的形象都是读书人心中最美的女子，那一树桃花深情地摇曳在历代文人红袖添香的梦里，始终娇艳饱满而鲜活丰盈。

"桃花浅深处，似匀深浅妆；春风助肠断，吹落白衣裳。"唐人元微之眼里的桃花，无论粉白浅红都是美丽的女子，淡妆浓抹总相宜，缠绵多情却无奈东风之力，徒然令人断肠销魂。

唐代另一位诗人崔护也曾春游都城南庄，邂逅了人面桃花的美女，一年来食不甘味，念念不忘："去年今日此门中，人面桃花相映红。人面不知何处去，桃花依旧笑春风。"这样惊鸿一瞥的美女，天生就是伴桃花而生的，可惜桃花年年笑迎春风，旧地重游，美人早不知去往何处，这倒正是："春风有意艳桃花，桃花无意惹诗情"了，徒然使诗人心生惆怅，无限的缱绻之意，尽在其中了。

桃花之美，让人触景生情，感触却因人而异，那样艳美的桃花，在林黛玉眼里却是凄恻愁怨的，"胭脂鲜艳何相类，花之颜色人之泪。"那胭脂般的颜色，竟是她洒上空枝的斑斑血痕，心中哀愁之深，到了杜鹃啼血、摧心伤肝的地步。

桃花虽美，因为花期短暂的关系，自《桃夭》之后却未有过好名声，"癫狂柳絮随风去，轻薄桃花逐水流。""影遭碧水潜勾引，风妒红花却倒吹。"在诗圣他老人家眼里，桃花就是不甘寂寞、轻薄浮艳女子的代称。多少姿容绝艳的红妆因桃花般的美貌成了"红颜祸水"？传说那绝代佳人息夫人，出生时额上带有桃花胎记，因而被世人惊艳地称为桃花夫人。她原是陈国国君桃花般烂漫的小女儿，自出嫁伊始，一波三折的厄运便开始了，深闺弱柳，手无缚鸡之力，被人抢来夺去，活着艰难，连死去也不能，三年不发一语，徒然以沉默抵抗命运，却免不了被人玷污，这样一生委屈不说，还被后人诟病"千古艰难唯一死"，想想实在郁闷。男人爱美原是"天性"使然，孔子就曾经曰过：

"食、色，性也"。原来千不该万不该竟是那桃花容颜惹得祸？也是，男人会冲冠一怒地东征西讨、攻城略地，竟是为了抱得美人归？若是因此而国倾城破，兵连祸结，百姓流离失所，不怪你怪谁？你若生得像东施、嫫母那样丑陋，不就门可罗雀，耳根清净了？所以生在王公贵族之家的桃花夫人，倒不如白居易笔下的晚桃花，好比穷人家的女儿，虽然天生丽质，被"竹遮松荫"无人得见，很晚不能出嫁，看看春深欲落，就要人老珠黄啦，反倒有幸惹得白侍郎这样有情人深深怜惜："春深欲落谁怜惜，白侍郎来折一枝。"桃花是这样，美人岂非也如此？若得有心人白首不相离，不是远胜过一人之下万人之上，贵为王后却提心吊胆含恨隐忍度日啊。

说到文人之爱桃花，当以明代唐寅为最。号称江南四大才子之首的唐寅，诗、书、画三绝，为人狂傲，愤世嫉俗，故而也不能见容于世。一生酷爱桃花，有过数不清的逸闻趣事。点秋香的故事虽属后人杜撰，也可见才子放诞不羁生活的端倪。这样颇负盛名的一位大才子，命运却极为坎坷，曾因事投狱，一生潦倒。中年之后的唐寅看淡了富贵，厌倦了功名，居苏州桃花坞，自号桃花庵主人，每日里桃花树下吟诗作赋，备极逍遥，写下无数脍炙人口的桃花诗。最有名的就是那首《桃花庵歌》，他自比桃花仙人，种桃，卖花，饮酒，赋诗，"半醒半醉日复日，花落花开年复年"。何等洒脱自在。花前坐，对花酌，花下眠，诗仙李白也不过如此吧。

最喜的却是他那首《醉诗》：

"碧桃花树下，大脚黑婆娘。未说铜钱起，先铺芦席床。三杯浑白酒，几句话衷肠。何日归故里，和她笑一场。"

繁华过后，尘埃落定。一切不过是过眼烟云。当此之时，曾经羁縻你心的那些富贵浮华，远不如家乡碧桃花树下那大脚的黑婆娘来得亲切实在，质朴动人。你风尘仆仆地刚到家，她一边跟你说着家长里短，一边为你铺床，然后数几个铜钱，去打来两斤浑浊的廉价白酒，和你说说笑笑，陪你大醉上一场，不亦快哉！脱尽了名缰利锁之后，心中一无挂碍。这才是真名士的境界，可谓无数的率性风流，尽在碧桃花树下。

这一树艳丽的桃花，经过了数千年的风风雨雨，从诗经开到了盛唐，又从盛唐开到明清，这十年来也一直在我眼前盛开得如火如荼。

不由想起清代诗人袁枚的一首诗："二月春归风雨天，碧桃花下感流年。残红尚有三千树，不及初开一朵鲜。"等到碧桃花开时节，定会再来树下，赏那最初最美的人间胜景，哪怕流年似水，繁华如梦，就算后来残红三千，不及生命最初的那份鲜活美丽，又何必惋惜？生命热烈地盛放过了，必有许多感动与温暖留在心间。

42. 灯笼花

一、简介

又名倒挂金钟、吊钟海棠，为多年生草本花卉，附生常绿灌木，

高约1米。枝条密生刚毛。叶卵状披针形，近肉质。花序腋生，近伞形，花冠筒红色，裂片三角形，淡绿色。它的种类繁多，主要花色有红、紫、白三个品种。它虽娇艳美丽，但却经不起炎夏阳光的灼烤。性喜凉爽、湿润的

气候环境，生长适温 10℃～25℃，冬季要求阳光充足，夏季要有半阴的环境。

二、灯笼花花语

感恩、谢错。而灯笼在中国代表的是吉祥、安宁。

三、古韵

（一）灯笼花

碧海晴天珠蚌开，凌波仙子梦中来。
红衣燃火暖诗客，微睫呵香羞月腮。
满地莺声犹可拾，一春心事不能猜。
为君愿舍千年得，化作人间彩灯在。

（二）灯笼花

提着灯笼出画屏，伊人国里小精灵。
花中轻舞谁人共，云上轻歌只夜听。
双影欲成风动月，孤心已醉梦无形。
不如随蝶情归去，乘得仙桴隐七星。

四、美好传说

有个叫堪法纽拉的小精灵，想找事情做。女神赫拉就给她一个事情做，叫她去看管赫拉和宙斯的黄金苹果树。黄金苹果树本来是怪兽拉盾看管的,现在由小精灵来接管。小精灵只要敲响苹果树旁边的铃铛,拉盾就会来帮助小精灵赶走偷黄金苹果的坏蛋。

有一次,小精灵在练习敲铃铛,拉盾飞来了,小精灵说:"拉盾,对不起,我是在练习。"又有一次,拉盾又飞过来了,小精灵说:"对不起,拉盾,我还是在练习。"最后一次,有两个坏蛋来偷黄金苹果,小精灵看到,吓得躲进草丛里,后来,小精灵还是鼓起勇气,冒着生命危险跑过去,敲了两下铃铛,拉盾以为小精灵在练习就没来。两个坏蛋把小精灵打倒在地,小精灵快死了,小精灵的眼泪滴在地下,苹果树旁边的铃铛自动响了起来,拉盾来了,把坏蛋赶走,小精灵用生命保护了黄金苹果树。为了纪念小精灵,赫拉就把小精灵变成灯笼花,这就是灯笼花的来由。

五、气质诗文

灯笼花的记忆

总是在乡间的路旁,看见第一树灯笼花开。这次又是在去甲马池采访的途中,惊喜地看到灯笼花开了。

每一次看见灯笼花开,心里总有一丝莫名的激动。其实我并不是一个多愁善感的人,但有时自然界里的某种东西偏偏就能使我发发痴、愣愣神。

黄色的灯笼花像绽开的焰火,金黄,灿烂。而最神奇的就是,灯笼树竟然是可以花果同时挂在枝头的。黄色的花刚刚绽开没有多久,灯笼果就迫不及待地登上了树梢,而接踵而至的黄花还在继续吐艳。于是黄的花、红的果便济济一树,很是壮美。等到最后黄花散尽,满树尽带灯笼果,红得让人神往,让人目不转睛,让人走过路过之后还不得不回头痴望。

　　灯笼花开的时节格外敏感，有第一棵开花的灯笼树，必定就有一个灿烂的秋天站在了背后。如此说来，秋天的到来其实是相当隆重的，完全没有春天初临时欲语还羞、徘徊迟疑的神态。其实，灯笼树本来就是一种观赏树，可在山区，似乎还没有人刻意将它成片地集中起来，形成声势浩大的视觉冲击。因此，在野外，我们看到的灯笼树虽不乏三五成群的，但也有太多孤独的站立者。好在它们可以彼此顾盼张望，相互点头微笑；是否还可以吆喝上几句，这个我实在不敢臆断了。

　　此时，我的眼前又现出一种景象：淡白的、极其微小的小花缀在那攀援着的绿色藤蔓上面，那是一种流动着的绿，满盛着一种叫生命的东西。花凋之后，就结出了一个个绿色的小灯笼，里面包着的是绿色的、圆圆的种子。这种花一直开到深秋，当所有的花都凋零了，它还在倔强地谱写着绿的篇章。

　　它很安静地开在那个角落里，很安静地生长，然后直至某天把一种绿荡漾在你的眼前。那时，你会感叹一种生命的传奇。

　　然而，尽管它是那么美好，会在一个不经意间用一种绿来感染你，可是它就在某一天突然静静地消失了，消失得干脆，消失得彻底，消失得让你感到一种虚无。

　　好多年过去了，灯笼花也就渐渐活在了我记忆的尘埃里，被回忆的风吹得支离破碎。

　　好多年了，这场景已没在我脑海里浮现了。直到有一天，一个不经意的一瞥，我看到了一棵棵树上开满了花，风一吹，像鼓着绿色的帆，又像一个个被击打的小绿鼓，在枝头上招摇着。放眼望去，一条绿色的长龙盘踞在这些树顶。

　　我的泪一下子来了。"灯笼花，这就是曾经的灯笼花。"我想跑过去,吻她,抱她。然而我只是呆呆地站着,凝视着,用一种回忆来征服另一种记忆。

记忆中的灯笼花绿得妖娆,绿得妩媚。它很柔弱地系在那爬着墙的藤蔓上,然后它又挟着秋风荡秋千,时时发出很厚重的撞击声。而此时的灯笼花却又完全是另一种形态。它不是藤蔓形的,而是缀在高高的树上,像满树的绿灯笼。尽管和记忆中的相差甚远,但能再次见到状如灯笼的花已着实让我感动了。

就这样守着心中那个绿色的梦很安静的过了些日子。那段日子确实是安静的,常常会觉得周围的空气都是绿的。

起风了,有开始飘秋雨了。好一个"一场秋雨一场寒"啊。似乎周围的绿被冻结了,灯笼花便开始泛黄。翻翻日历,才刚过中秋。灯笼花竟然是如此得脆弱了。

没有几天,灯笼花便完全泛黄了,像裹着一张张毛宣纸似的。说实在的,灯笼花开的季节,感官的体验无疑是非常愉悦的。花开的样子,像是季节的呓语,生命的歌唱。

43. 吊兰

一、简介

吊兰又称垂盆草、桂兰、钩兰、折鹤兰,西欧又叫蜘蛛草或飞机草,原产于南非。属百合科多年生常绿草本植物。根肉质,叶细长,似兰花。吊兰叶腋中抽生出的匍匐茎,长可尺许,既刚且柔;茎顶端簇生的叶片,由盆沿向外下垂,随风飘动,形似展翅跳跃的仙鹤。故吊兰古有折鹤兰之称。

二、吊兰的花语

无奈而又给人希望。

三、吊兰花箴言

一种普通植物的名字，匍匐在寒冬的角落。枯萎意味着死亡，如同空气中无人留意的尘埃，从严寒的刀锋下，挽救她血淋淋的伤口。莫名惊诧，她适应新环境的态度。嫩绿的气息，染透了我的目光和思绪，仿佛阳光下透明的露珠，多少留存情人吻别温馨的呼吸。阳台后面是一个狭小的地带，所有岁月的精彩故事，都发生在窗外。吊兰，只是一个小小的装饰品，让漫长的冬季，不因为白色的寂寞，而悲惨地死去。

四、神奇药用

化痰止咳；散瘀消肿；清热解毒。主治痰热咳嗽；跌打损伤；骨折；痈肿；痔疮；烧伤

五、古韵

吊兰咏

吊思神魂小妍菁，

兰雅藏秀芷若中。
青妆云轩留芳碧，
青画幽静蕙质荣。

六、美好传说

　　说有个妒贤忌才的主考官为了让他的干儿子魁名高中，下决心要赢过那个姓林的才子，在批改林德祥的卷子时恰好碰到皇帝微服来访，主考官慌忙之中把卷子藏到案头那盆兰花中，这盆开得漂亮的兰花，被皇帝在不经意中看到。于是皇帝得知了实情，结局大家都能猜得到，不仅免了主考官的官职，还把那盆花"赐"给了他。主考官又羞又恼，不久就死了。从此以后，这种兰花的茎叶就再也没有直起来过，且渐渐演变成今天的吊兰，而它的花语也是取其意而来的。

七、气质美文

（一）一朵兰的深思

你坐在母亲扶持的摇篮
放出千回百转的岔路，脚印
哪里是缪斯隐逸的山水田园？
莽原上留下串串疑问又复叹息
满天的星斗闪烁呵，闪烁晶莹
闪烁不定，可指引路途方向？
你行踪委身于哪片叶的轨迹？

凝神屏息张望归属的伴侣
　　梦的丝绦和全身佩玲叮当
　　来自纷纷扬扬一触即化的雪
　　冥冥中沿着那条看不见的山路
　　落脚巉岩的苍翠与三千瀑流
　　远眺，雁荡九万里长空
　　直下，击溅金银滩花海

（二）吊兰如雪

　　芳馨艳丽的百花，以它们的多彩多姿，引来人们的羡慕。可我却偏偏喜爱那碧波翠绿的吊兰。

　　我在我家陋室里，养了一株让人看了喜不胜收的吊兰。远远的望去，就像绝壁上挺拨屹立的青松；又像那节日里盛开的礼花。在它那小小的天地里，滋出簇簇茂盛的绿叶，给我家斗大的陋室带来勃勃生机。它伸出长长的手臂，像草、像花、活像精雕细刻的翡翠佛手。向你呼唤；向你问好；向你点头微奖……它是那样的诱人；那样的抚媚；那样的有魅力；那样的惹人喜爱。

　　春天，阳光明媚，百花争艳。吊兰也不甘示弱，拼命抽出嫩绿的叶芽，小小的，随着春风摆动。

　　它的根部抽一根白色的茎，上面又长出一簇簇枝叶，等长大了把它们剪下来，泡在水里，就又可以长成一棵新的吊兰。

　　冬天，吊兰的宝宝们会睡觉。等经过一个冬天后，来年春天，它们又会把笑容向我们绽放！小的吊兰像少女漂亮的小辫子，上面还扎了一个淡色的蝴蝶结。吊兰的叶子长得非常茂盛，叶子细长，像一位美少女的秀发，摸上去又滑又平。吊兰的根是米白色，向四周扩开，有的在土里，有的露在外面，真有趣！有的吊兰细长的叶子两边有两条乳白色的边，就像叶子的两边镶嵌着两条乳白色的条形花边。

窗台上有一盆雪兰，又细又长的叶片，墨绿色，四散抛洒开去，像顽童头上蓬乱的头发。

兰花盛开了，那花儿似乎是白玉雕成的，在青葱的绿叶烘托下，看上去那样素洁高雅，纤尘不染。

那几丛马兰花篮莹莹的，像几簇燃烧着的蓝色火苗。湛蓝的马兰草，火焰般的山杜鹃，把绿莹莹的草地点缀得花团锦簇。窗前花架子上的吊兰变得像翡翠一般碧绿晶莹，玲珑剔透。

吊兰的生命力很强，夏日炎炎，它照样舒枝展叶，寒冬腊月，它依然是绿意盎然。

清晨的雾气悄然消褪，身在杂草丛中的吊兰鹤立鸡群，像清新飘逸的女子一样美不胜收，叶儿尖的晨露似久未出门的闺中女子含羞的盈笑，众多叶儿环吊周围，像舞台上演员手拿道具围成一圈，高低不齐却不失美感，不禁想要拍手称赞，清风拂面，晨露似大珠小珠落玉盘，错综繁杂的掉了下来，可能过分喜欢的原故，竟有此时无声胜有声之感，似落在身边的杂草身上发出动人的旋律，不禁惹人莞尔，清风吹得叶子轻轻拂动，叶身与身边的杂草摩擦发出唰唰的声音打破了清晨的宁静，似不甘寂寞的情人向我诉说苦楚，与她成就天作之合，少不了一阵酸楚，何去又何从。

思潮涌回，朝阳冉冉升起，侧头看了看身边的吊兰，阳光透过未掉完的露水反射出耀眼的霞光，叶子随风吹动，舞着一曲诠释生命的歌谣，微微的青草的味道诉说着世间的美好。

四季里的百花，以它们各异的姿态、各异的清香、各异的色彩表现自己。高雅的月季、清香的山茶花；诱人的茉莉、华贵的牡丹花；怒放的秋菊；还有那抗寒的梅花……每当人们来它们身边，无不赞不绝口人见人夸、人见人赞。可谁又能想起那不起眼的吊兰呢？

百花经不住时间的考验，尽管它们艳丽无比，可也有凋谢的时候。就是参天大树，也有收起它们绿装的时候。而它——吊兰，却四季穿着碧绿的绒装，虽不如松柏耐寒，却还是英勇无畏地挺立着：点缀着大自然，点缀着美好的生活。它是多么的顽强刚毅，默默地、无私地奉献着。

我爱吊兰，赞美吊兰，因为它在四季花儿们盛开的时刻，不弦耀自己的姿色。甘心情愿用自己朴实无华的绿色美，去衬托娇媚百花的艳丽。我爱吊兰，赞美吊兰，因为它在百花收起笑容的季节里，还是那样朴素坚强。以它那无限的勃勃生机，给大自然、给我清陋的小屋增添绿色、增添美；以它那永不褪色的坚毅，和那碧绿的绒装，充实着美好的生活。

芳馨艳丽的百花，以它们的多彩多姿，引来人们的羡慕。可我却偏偏赞美吊兰，因为我非常喜爱那碧波翠绿的吊兰。

44. 番红花

一、简介

番红花又称藏红花、西红花，是一种鸢尾科番红花属的多年生花卉，番红花同属确知的有80种，目前世界各地常见栽培的

约8种至10种，分春花和秋花两种类型。也是一种常见的香料。是西南亚原生种，最早由希腊人人工栽培。主要分布在欧洲、地中海及中亚等地，明朝时传入中国，《本草纲目》将它列入药物之类，中国浙江等地有种植。

二、藏红花花语

保护、执着。

三、藏红花箴言

如果人生没有了爱的存在，就像在漆黑的隧道摸索，没有方向，举步维艰。

四、神奇药用

番红花，其干燥柱头味甘性平，能活血化瘀，散郁开结，止痛。用于治疗忧思郁结，胸膈痞闷，吐血，伤寒发狂，惊怖恍惚，妇女经闭，血滞月经不调，瘀血作痛，麻疹，跌打损伤等。国外用作镇静、驱风剂，凉血解毒，解郁安神。治疗温毒发斑、惊悸发狂。为法国式烹调饮食的常用香料，用于鱼虾类食物的调制。地中海沿岸居民多用以烹制贝类食品。亦用于菜肴的着色。

五、清新美味

藏红花烤米饭

做法：首先，把淘洗干净的500克泰国香米放锅中，加入500

克淡奶油和适量白糖,掺清水上火煮至水快干时,淋入适量冷水,转小火煮至米饭熟。随后,把米饭舀入不锈钢盛器内,浇少许用藏红花泡成的水,放进提子干,和匀压实,用锡纸封好,放进温度调至170℃的烤箱里,烘烤约20分钟,取出,揭去锡纸,分别盛入小碟内,即可上桌。

制作关键:

(1)煮米饭时,第一次掺水量不要掺够,以八分水为宜,至水快干时,再浇入适量冷水,这样有利于米饭松散不粘结;加入的白糖也不要太多,以有微甜的底味为度,否则米饭易被煮煳。

(2)藏红花应用热水浸泡取汁,这样既有利于将米饭染成均匀的桔红色,又利于将其营养物质溶入到米饭中。切忌直接把未泡过的藏红花撒进米饭里。

(3)提子干的加入量不应太多,以米饭甜度适中为宜。当然也可根据食者的口味适当增减。

(4)烤制火候是制作藏红花烤米饭的关键,一是烤制温度不能太高,以170℃为宜;二是烤制时间不能太长,应以20分钟为度。因为所烤米饭含糖量较高,若火候未掌握好,容易将米饭烤煳。

(5)制作这道菜的另一个关键是藏红花的选用。藏红花是价格昂贵的香料之一,它同时还具有安神定魄、清醒头脑的药用价值。

六、美好传说

爱财如命的国王赐珍贵的首饰给一位美丽的姑娘,并命令她带着这些首饰为信物进宫成婚。姑娘怀着愉悦的心情踏上路途,不料在途中遇到一位可怜的乞丐向她乞讨,心地善良的她将这些信物送给了乞丐。这事使国王非常生气,不仅砍断了她的双手且将她赶出皇宫。她痛苦地生活了许多年。后来她嫁给一位不嫌弃她双手残疾而且非常爱她的富商，过得非常幸福。一天有个衣衫褴褛的乞丐找上门来讨事物，好施舍的她马上吩咐仆人准备丰盛的饭菜给乞丐食用。富商见了询问何以如此盛情招待乞丐，她说出了缘由，原来在她被赶出宫后，曾遇到一位先知告诉她说：施舍给乞丐，你的手将复原。不料话还没说完，她那早已变形的双手竟奇迹似地恢复了，并且头顶上也变出了意味着祝福的花冠。听完这话的富商和乞丐都非常惊讶，因为这富商正是以前在路上向她乞讨的乞丐，由于靠她施舍的首饰才变成富翁，眼前的乞丐则是她那无缘的未婚夫王子。

七、古韵

番红花

江城随处馨风过，西域名花开满山。
落翠含烟青陌外，流香惹蝶彩云间。
千番等待留人顾，几度相思系梦还。
当是凡尘缘未了，真心一片付红颜。

八、气质美文

花开的声音

听听那花开的声音在美妙的晨光中，我睁开了朦胧的睡眼，看这快乐的世界。然后，我听见了那美妙的花开的声音。

晨曦在我的窗前映出斑斑点点的影子，一声婉转的鸟鸣在我的

下 篇
花的大千世界

睡梦里由近而远地响着，似乎在这声鸟鸣于遥远天山尖上消失的一瞬间，我就听见了这种花开的声音，这种声音好清丽，好纯洁，就像用山里的泉水洗过一样。细心聆听，那花开的声音是那么的清脆动人，给这个原本就绚丽可爱的世界加上了璀璨的披风。让一切陶醉在她令人为之欣喜的音符中。

渐渐地，日光下澈，射到水中，发出无比靓丽的亮光；这些亮光似乎又放大来给刚刚缀满晨露的花瓣草叶镶了一道晶莹绚丽的花边。我推开窗来，看到世界上的一切都沐浴在这和煦的春光中和着那如诉如泣的花开的乐曲中。我的梦就如烟一样变得非常鲜活。

我和每一个人一样，都是以第一声啼哭绽放到这世上来的一朵无名小花；这第一声啼哭虽然不是报给人间的第一声欢笑，但这却是一种最美的花开的声音；这种花开的声音彰显着先辈因果的整合，这花开的声音预示着人若植物，有一个活性的生命流程和活性的生命咏叹。我觉得这第一声啼哭就像花开的声音一样，一开始就牵系着每一个与之有血脉关联的人，甚至牵系和温暖着每一棵树，每一棵草，每一朵花。大自然中的植物也有先辈也能繁衍。我总是羡慕大自然中的植物，它们当然也是自己上辈祖先的延续；它们给大地带来绿色，带来绚丽，使人间充满活泛律动的生命灵性。尽管它们曾经有过消亡，但它们的生命过程总像花开的声音一样灿然而热烈，并在它们自己生命的流程里繁衍生息，阴阳合一，浑然天成。

而今，我早已到了怒放的年龄，生命开始像盛开的鲜花一样美丽。我的一切都是那么充满朝气与希望。如今的我天天被捧在美丽的云端，耳边充斥的是无尽的掌声与喝彩，我不禁有些飘飘然，直到这个熹微的晨光的降临，我才重新找回了自我，开始懂得从高高的领奖台上俯下身子，侧一下耳朵，去听听那从前最美丽动人的花开的声音。

45. 非洲菊

一、简介

非洲菊，菊科，别名为太阳花、猩猩菊、日头花等，是多年生草本植物，顶生花序，花色分别有红色、白色、黄色、橙色、紫色等。繁殖用播种或分株法，原产地为南非。

二、非洲菊花语

象征神秘、互敬互爱，有毅力、不畏艰难，永远快乐。

非洲菊中国最常用的花语：清雅、高洁、隐逸、父爱。

三、非洲菊箴言

眼睛如果还没有变得像太阳，它就看不见太阳；心灵也是如此，本身如果不美也就看不见美。——普洛丁

四、古韵

（一）颂彩菊

黄黄灿灿陌芳丘，静静娉娉缪雨稠。

花雪含烟噙泪笑，蕊霜盈露吐香幽。

春开遍野迎朝燕，秋绚疏蓠送暮鸥。
欣悦太平逢盛世，轻歌漫舞乐无忧。

（二）非洲菊

日开夕合笑含羞，悒雨傲霜春复秋。
瘦蕾层英香带露，花黄红白态娇柔。
阳光灿烂花鲜艳，七彩非洲菊恋留。
只为扶郎漂万里，金山庭院乐悠悠。

五、美好传说

　　非洲菊和向日葵一样，是大家心目中代表太阳的花卉，就像冬日里的煦日，令人感到温馨。曾经有人提倡用非洲菊作为代表父亲节的花，因为非洲菊又叫做太阳花，太阳又可象征父爱。非洲菊的风水作用，能够是一家人和睦相处，相亲相爱的说法也就从这里产生了。20世纪初，位于非洲南部的马达加斯加是一个盛产热带花草的小国。国中有位名叫斯朗伊妮的少女，从小就非常喜欢一种茎枝微弯、花朵低垂的野花。当她出嫁时，她要求厅堂上多插一些以增添婚礼的气氛。前来祝贺的亲友载歌载舞，频频祝酒。谁料酒量甚浅的新郎，只酒过三巡就陶然入醉了，他垂头弯腰，东倾西斜，新娘只好扶他进洞房休憩。众人看到这种挽扶的姿态与那种野花的生势何其相似，都异口同声地说："噢，花可真像扶郎哟！"从此扶郎花的名字便不胫而走了。所以非洲菊又叫扶郎花。

六、气质美文

非洲菊告诉我的秘密

花店里，转头，我看见了一种看似很普通的菊花，它们显得很坚实（或许这个词用来形容花不大合适，可它的确不像其它的花儿那样脆弱和娇嫩），不像其它的花好像一碰就会蔫掉。我问老板这花有没有什么花语，他说没有，那只是普通的配花。我又问它叫什么名字，老板说那是非洲菊。

非洲菊的生命力应该很强吧，没有花语也好，我想。老板说一块五毛一枝，恰好价格不贵，这里也没有其它的花可以完整地表达我的心情了。好吧，我就要两枝菊，不，是两枝非洲菊。一枝白色的，一枝深红色的。我跟老板讨价还价，结果他一毛没给我少，倒是给我搭送了两枝勿忘我。

可是我不想要"勿忘我"，没有谁记得我，我也不奢望谁"勿忘我"。我把它们丢在风里。掂着两枝非洲菊，我给它们赋予自己的花语：白色的非洲菊代表纯洁，一尘不染，清高，还有一点凄美；红色非洲菊代表独立，勇敢。两枝共同表现了旺盛的生命力。非洲菊在今天，把自己献给了天空。非洲菊开始，在可有可无的暧昧中，享受模糊的阳光。非洲菊已经亭亭玉立，非洲菊占有自己的孤独，它已经用鲜艳在燃烧，非洲菊不能挽留自己的颜色，非洲菊带来经历，它只是把岁月，变得突然而又缓慢。尔后，非洲菊不可逆转地诀别，它永远垂下了花朵，像脱不下的疲倦，非洲菊得以长久的弯曲。

还记得老板说："别在花瓣上浇水，否则它的花期会缩短。"为什么不给它浇水呢？表面干燥的花瓣看起来没有活力，缺少芬芳，如果给它浇点水，它就会容光焕发。一颗颗晶莹剔透的小水珠点缀在上面，该有多美啊？浇过水的花儿更迷人，更光彩夺目，难道怕给缩短它的花期就不给它浇水了吗？人生的价值不在于生命的长短，而在于生命的意义，人生之中只要有过灿烂美好的时刻就已经无悔了。花儿浇水后会展现其最唯美的姿态，然后在美丽中死去，缩短一点花期又何乐而不为呢？

非洲菊，我想它应该原产于非洲吧。谁人都知道非洲是个"极为炎热"的地方，可她依然生存下来了。我们今天还可以看到她生生不息的后代。长在那种不毛之地，没有人浇水，没有人施肥，也没有人欣赏，她依然活得好好的。想起自己曾因不被某个人记起，曾被某个人挑毛病，曾强烈渴望某个人的关心和爱护而陷入郁闷，再看看眼前两朵可敬可爱的非洲菊，觉得自己很可悲，连朵植物都不如。

可也是非洲菊教会了我一个人应该怎样面对生活。她白色的纯净决不亚于《爱莲说》中的莲，红色的热烈对生活是多么顽强。女人就应该如此，独立—不做任何人的附庸。很欣赏一句话"船在港湾里固然安全，但这不是造船的目的"，世界上没有一个人少了一个人而活不下去，人应该在没有人照顾的情况下依然活得有滋有味，活得乐观而且精彩。应该闯荡出自己的事业，有自己的个性和追求。要为自己而活，千万不能为别人的眼光而活，要知道：不同的人有不同的眼光，全世界那么多人，那么多眼光，你若都要去迎合的话，你会累死的，况且这也是不可能的。活出自己的风格，才是真的自我。有人曾说：一旦交出了自己的个性，意志，还有那原本朝气蓬勃的求知欲，要强的事业心，奋进的自尊心，那么迟早会迷失。

想起过去那些彷徨，凄迷的已成为历史的日子，幸好遇见了非洲菊，它轻轻地告诉我：若想得到尊重和敬爱，必须得靠自己，我们可以不用依赖任何人，勇敢得向前迈步。看—就像两枝非洲菊一样不断地吸收水分，她们开得正欢，惹得旁人不禁投来羡慕的目光。

朋友，当你在不同心情的时候，请选择不同颜色的非洲菊送给自己，她们虽然没有玫瑰浪漫，没有百合艳丽，没有睡莲优美，但她们会赐予你力量。还有，别忘了给她们浇水。

46. 桂花

一、简介

桂花，木犀科木犀属，又名"岩桂"、"木犀"，俗称桂花树。常绿灌木或小乔木，为温带树种。叶对生，多呈椭圆或长椭圆形，树叶叶面光滑，革质，叶边缘有锯齿。花簇生，花冠分裂至基乳有乳白、黄、橙红等色。中国有包括信阳市、衢州市、汉中市在内的20多个城市以桂花为市花或市树。桂花以其淡然贞定品格为世期许。

二、桂花花语

秋桂如金，代表"收获"。永伴佳人，桂树可是香满天下，誉满天下的室树，是崇高美好的，吉祥富贵、崇高、贞洁、荣誉、友好和吉祥的象征，凡仕途得志，飞黄腾达者谓之"折桂"。

三、神奇药用

秋季开花时采收，阴干，拣去杂质，密闭贮藏备用；亦可鲜用。性能：味辛、微苦，性平。能化痰止咳，止血，止痛

源于《本草纲目》。本方取桂花辟臭、止痛，用百药煎生津、化痰，孩儿茶化痰、止痛；全方具有辟臭、生津、化痰、止痛等多种功效。用于口臭，咽喉干痛，咳嗽咽干，龋齿牙痛。

四、古韵

（一）鹧鸪天

李清照
暗淡轻黄体性柔，情疏迹远只香留。
何须浅碧深红色，自是花中第一流。
梅定妒，菊应羞，画栏开处冠中秋。
骚人可煞无情思，何事当年不见收。

（二）采桑子

李纲
幽芳不为春光发，
直待秋风，直待秋风，

香比余花分外浓。
步摇金翠人如玉,
吹动珑璁,吹动珑璁,
恰似瑶台月下逢。
枝头万点妆金蕊,
十里清香,十里清香,
介引幽人雅思长。
玉壶贮水花难老,
净几明窗,净几明窗,
褪下残英簌簌黄。

(三) 秋夜牵情

朱淑真

弹压西风擅众芳,十分秋色为谁忙。
一枝淡贮书窗下,人与花心各自香。
月待圆时花正好,花将残后月还亏。
须知天上人间物,同禀清秋在一时。

五、美好传说

传说古时候两英山下,住着一个卖山葡萄酒的寡妇,她为人单纯善良,酿出的酒,桂花酒味醇甘美,人们喜爱她,称她仙酒娘子。一年冬天,天寒地冻。清晨,仙酒娘子刚开大门,忽见门外躺着一个骨瘦如柴、瑟瑟发抖的汉子,看样子是个乞丐。仙酒娘子摸摸那人还有口气,就把他扶回家里,先灌热汤,又喂了半杯酒,那汉子慢慢苏醒过来,激动地说:"谢谢娘子救命之恩。我是个瘫瘫人，出去不是冻死，也得饿死，你行行好，再收留我几天吧。"仙酒娘子为难了，常言说，"寡妇门前是非多"，像这样的汉子住在家里，别人会说闲话的。可是善良的她再想想，总不能看着他活活冻死、饿死啊！还是点头答应，留他暂住。果不出所料，关于仙酒娘子的闲话很快传开，大家对她疏远了，到酒店来买酒的一天比一天少了。但仙酒娘子忍着痛苦，尽心尽力照顾那汉子。后来，人家都不来买酒，她实在无法维持，那汉子也就不辞而别不知所往。仙酒娘子放心不下，到处去找，在山坡遇到白发老人，挑着一担干柴，吃力地走着。仙酒娘子正想去帮忙，那老人突然跌倒，干柴散落满地，老人闭着双眼，嘴唇颤动，微弱地喊着："水、水、……"荒山坡上哪来水呢？仙酒娘子咬破中指，顿时，鲜血直流，她把手指伸到老人嘴边，老人忽然不见了。一阵清风，天上飞来一个黄布袋，袋中贮满许许多多小黄纸包，另有一张黄纸条，上面写着：月宫赐桂子，奖赏善人家。福高桂树碧，寿高满树花。采花酿桂酒，先送爹和妈。吴刚助善者，降灾奸诈滑。仙酒娘子这才明白，原来这瘫汉子和担柴老人，都是吴刚变的。这事一传开，远近都来索桂子。善良的人把桂子种下，很快长出桂树，开出桂花，满院香甜，无限荣光。心术不正的人，种下的桂子就是不生根发芽，使他感到难堪，从此洗心向善。大家都很感激仙酒娘子，是她的善行，感动了月宫里管理桂树的吴刚大仙，才把桂子酒传向人间，从此人间才有了桂花与桂花酒。

　　语思：我相信待苦涩褪尽，必有芳香萦绕心间。

六、气质美文

桂花赋

尝闻:桂树者,原植于蟾宫;桂花者,含芳于桂丛。又有仙姑嫦娥者,幽囚于月中。其夫后羿,独遗形于人间,遂殚思猖想,其精诚乃化作此树,由是而心灵相通。此树也,秉萧飒之气而生,性贞悫若秋桐。其花则朝啜玉露,夕沐金风;仰承素月之光华,俯弥醇香于夜空;疑为天物,的属神品,岂凡类可等同?感于此,因作斯赋。其辞曰:

夫何桂花之高洁,独领秀乎三秋。喜萌发于阴寒,甘散播于深幽。愿比德于东篱,焉竞艳于俗流?虽体小而形微,实柯盛而花稠。其为状也,瓣四分而包蕊,花成簇而结俦;似霰雪之玲珑,若静女之含羞;端娴内敛,优雅轻柔。其为色也,或淡乎似银霜,或浓乎若朱丹,或灿乎若金琉。其为香也,猗猗郁郁,沉沉浮浮;靡靡无尽,绵绵不休;百丈之内,缱绻不瘳;十里之外,依稀绸缪;可沁心而娱情,亦怡神而解忧。

于是当中秋之良夜,折桂枝而遗思。望婵娟于桂下,共今宵于此时。愿花夕之永驻,冀梦魂而相随。引桂醑而吟哦,骋絮绪以作歌。歌曰:桂华发兮香气扬,璧月升兮舒光芒。桂影婆娑兮月徘徊,举首望月兮独彷徨。广寒悠窅兮空寂寥,嫦娥此际兮应凝妆。天若有情兮天亦老,月若有恨兮亦无常。

47. 海棠花

一、简介

海棠花是蔷薇科苹果属的植物,是中国的特有植物。生长于海拔50米至2,000米的地区,一般生于平原和山地,目前已由人工引种栽培。为落叶小乔木。树皮灰褐色,光滑。叶互生,椭圆形至长椭圆形,先端略为渐尖,基部楔形,边缘有平钝齿,表面深绿色而有光泽,背面灰绿色并有短柔毛,叶柄细长,基部有两个披针形

托叶。花5~7朵簇生,伞形总状花序,未开时红色,开后渐变为粉红色,多为半重瓣,少有单瓣花。梨果球形,黄绿色。素有"国艳"之誉。

二、海棠花花语

游子思乡离愁别绪温和美丽快乐。

秋海棠:象征苦恋。当人们爱情遇到波折,常以秋海棠花自喻。古人称它为断肠花,借花抒发男女离别的悲伤情感。

四季海棠：宜赠送儿童，花语为：快乐聪慧。

三、海棠花箴言

如果失去是苦，你怕不怕付出？如果迷乱是苦，你会不会选择结束？如果追求是苦，你会不会选择执迷不悟？如果分离是苦，你要向谁倾诉？

四、古韵

（一）海棠

苏轼

东风袅袅泛崇光，香雾空蒙月转廊。
只恐夜深花睡去，故烧高烛照红妆。

赏析：这是一首咏海棠的诗。诗的头两句，描绘海棠所生长的富丽环境，表明海棠的珍贵。后两句写深夜也点燃蜡烛去欣赏海棠花，诗人爱花爱美人之情极为深切，这样做也够浪漫了。描写精致，用海棠比拟美人，更为生动。

（二）海棠花

苏轼

江城地瘴蕃草木，只有名花苦幽独。
嫣然一笑竹篱间，桃李满山总粗俗。
也知造物有深意，故遣佳人在空谷。
自然富贵出天姿，不待金盘荐华屋。

赏析：苏东坡爱花，实际上尤其钟情于海棠花，可能是受他母亲的影响。他母亲一生最喜欢海棠花，并且以海棠作为自己的小名。苏东坡1083年被贬到宜兴，好友邵民瞻特地用赏花的方式接待他，苏非常高兴，忧郁的情绪减少了许多。看到邵民瞻家的花园缺少海棠花，次年特地从老家带来了一盆植于朋友园中。18年后，苏东坡还时常提起那西府海棠，关心着。

五、美好传说

说是在玉帝的御花园里有个花神叫玉女。因为嫦娥温柔又漂亮，玉女与嫦娥就成了好朋友，并经常到广寒宫去玩。有一次，玉女看见广寒宫里新种了十盆奇花。那是一种从未见过的仙花，小花数朵簇生成伞形，甚是奇巧可爱。花蕾是红色的，花朵儿却是娇羞的淡红色。花枝上还结着果实，长长的椭圆形黄黄的颜色。花儿和果儿都散发出浓郁的香味，实在逗人喜爱。玉女想到玉帝的御花园中什么花儿都有，唯独没有这种花。因此请求嫦娥姐姐送她一盆，好拿回去栽种在御花园里。但是嫦娥却摇摇头说，这是王母娘娘的花，是如来佛祖特意为庆贺王母娘娘的寿辰，派人从天竺国送到广寒宫来的。因为这花耐寒，所以才种在广寒宫中。玉女连连请求，只说广寒宫中花儿这么多，少一盆也没什么关系，王母娘娘也发现不了的。嫦娥经不住玉女这么"姐姐长""姐姐短"的直央求，就答应了。

玉女好不容易说服了嫦娥，得到了这盆馨香迷人的奇花，高兴地捧起花盆就往外走，边走边说："谢谢！谢谢！"不想刚刚走到广寒宫门口，迎头就碰上了王母娘娘。她一见玉女手捧着天竺国送来的仙花，一边嘴里直道谢，便明白嫦娥一定私下将她的花儿拿去送人，因而怒气冲天地训斥嫦娥胆大妄为。而且，她边说边夺过玉兔的石杵，将玉女和她手中的那盆花儿一起打下了凡间。

　　这盆花正巧落在一个靠种花为生计的老汉的花园中，老汉有个女儿叫海棠，姑娘的面貌也像花儿一样美丽。老汉见一盆花从天而降，种花人自然是爱花惜花，便连忙伸手去接，怕有闪失，又忙叫女儿过来帮一把，口中连叫："海棠海棠!"海棠姑娘听见了，急急地跑过来，看见爹爹手里捧着一盆花儿，连叫"海棠"。便高兴地问："爹爹，这美丽的花儿也叫海棠吗?"老汉接住了这盆花，只见是一种从未见过的叫不上名儿来的花，听见女儿这么一说，觉得这花儿的确和女儿一样美，就干脆将错就错叫它"海棠花"了。

　　只是海棠花儿虽被爱花的老汉接住了，并且从此培植在人间，但它的香魂却随风飘去了。这就是为什么有人传说海棠花原有天香，如今却没有了香味的缘由。

六、气质美文

海棠说

　　每年的三、四月份，当和煦的春风拂面而来时，垂丝海棠花的花蕾便按捺不住寂寞，争先恐后地从好几张叶片叶柄相连的基部，齐刷刷地伸出了小脑袋。一般，一个枝梢基部通常有4~7朵簇生，花蕾细细的根茎和基部相连。也许，是每一个基部要承受很多花朵，加上联系花朵的根茎又比较浅细的缘故，故垂丝海棠的花朵，总是悠悠地向下弯曲着，一副弱不禁风，不堪重负的样子。其花未开时，花蕾红艳，似胭脂点点，开后则渐变粉红，犹如黄昏的云霞，其花型则似一柄柄似开未开的小伞。每当微风吹过，花枝摇动，一柄柄小伞随之翩翩起舞，红艳娇柔，彤云密布，实在是美不胜收。那飘飘欲仙，怡然自得的样子，着实招人喜爱。

历史上，关于海棠花，还有一个"海棠春睡"的典故。说的是：一日，唐明皇，即唐玄宗李隆基登沉香亭，召太真妃。时太真妃酒醉后仍未醒。于是，命高力士使侍儿扶掖而至。但见，妃子醉颜残妆，鬓乱钗横，无法行礼叩拜。明皇笑曰："岂妃子醉，直海棠睡未足耳！"。从此，这"海棠春睡"便成为了杨贵妃的代名词，成了美人风韵的象征。这就是"海棠春睡"典故的由来。该典故流传后，北宋大文豪苏东坡据此写了一首叫《海棠》的诗：

东风袅袅泛崇光，

香雾空蒙月转廊。

只恐夜深花睡去，

故烧高烛照红妆。

短短四句，就将海棠花在袅袅微风吹拂之下，伴着薄雾、月色、烛光的烘托和映照，所浮现出的一幅月下海棠春睡图的绝妙意境，勾勒了出来。特别是后两句，苏翁把海棠花比作是一个美人，苏翁生怕自己熟睡后，海棠花一样会沉沉睡去，故而，放心不下，深夜秉烛前去探赏。只此两句，便把寂寞苏翁对海棠花的一片思念之情，片刻也不愿分开的眷恋之情，表露的淋漓尽致。

与其它大名鼎鼎，如雷贯耳的传统名花相比，海棠花不喜欢张扬，不与群芳争艳的秉性，则要显得低调、谦逊不少。海棠花之所以能博得众多人的青睐，我个人认为，同海棠花并没有被人们寄予太特别，太多的品格象征，有很大的关系。其实，这样在我看来，没什么不好，相反，或许更好。没有赋予海棠花太多的人为色彩，就这样任其潇潇洒洒地吐露芬芳，活色生香，这何尝不是一种最好的意境呢？

48. 含笑花

一、简介

含笑花,著名的芳香花木,苞润如玉,香幽若兰,向日嫣然,临风莞尔,绿叶素荣,树枝端雅。当盛花时,陈列室内,香味四溢,花叶兼美的观赏性植物。在我国,含笑花向来就是众人所熟悉喜爱的观花型植物。

二、含笑花花语

矜持、含蓄、美丽、庄重、纯洁、高洁。

三、含笑花箴言:

我,曾经站在生命的风口里,微笑着每一天,恬然安静。在风口的方向,我眯着眼在笑看风舞沙狂。心中无任何杂念,只是站在那静静的欣赏世上一切的万千瞬变。

四、神奇药用

多半生长于山坡地杂林中,据《本草纲目》等医书记载和科学考证,天然的植物花草不但以其艳色、美形于香味使人赏心悦目,而且含有丰富的营养成分、生物活性成分以及天然植物精华。

五、古韵

（一）白含笑

熏风晓破碧莲苞，花意犹低白玉颜。
一粲不曾容易发，清香何自遍人间。

（二）二含笑俱作秋花

秋来二笑再芬芳，紫笑何如白笑强。
只有此花偷不得，无人知处忽然香。

六、气质诗文

　　读植物图谱的时候，对着那些美丽的草木花卉，吸引眼球的自然是那些早已如乡邻般熟稔而又叫不出名字的植物。不过，也有例外，含笑花，第一次在植物图谱里看到时，就情有独钟。好比一位妙龄女子，在火车上突然遇见一位英俊少年，对他一见钟情。那时，仿佛是天意，要我记住含笑花，为着有一天能与之相逢。

　　一天，黄昏的时候，照例同他去散步。回来的途中，突然别下他，走到路旁草地上寻访紫花地丁。

　　前不久曾给这些花们拍过照的。赏花，必得仰望或低首。那天是趴在地上拍的。记得她们长在哪里，径直朝那里走去。天渐渐黑了，躬着背，极力调节瞳孔，好不容易在绿草丛中找到了紫花地丁，但花已谢，只有碧绿的叶片寂静地守候着。原本来寻紫花地丁花的，既已谢，就意兴阑珊的欲回到马路上去。

蓦然，一阵风吹过，花香直扑鼻腔。那芬芳是既熟悉又陌生，仿佛八月的秋桂，只略微冲淡。让人十分惊喜，转身开始寻花。光线有点暗，影影绰绰，看见三棵矮小灌木枝头的绿叶间，点缀着一朵朵或许一簇簇淡白色的花。那是桂花么？不是！还未曾见过4月开的桂花。不是桂花又是什么呢？香气这般袭人。一边这样想着一边连忙三步两脚来到一棵树的跟前。天哪，这不是含笑花吗?！认出含笑的那一刹那，简直惊呆了，哪里会想到能与含笑相遇呢？缘分，真是很奇妙啊！

曾在植物图谱中见过含笑花。惟恐弄错，还摘下两朵，捧在掌心，带回家，与花谱图仔细比照，花形小，呈圆形，花瓣6枚，肉质淡黄色，边缘带紫晕，花香袭人，有香蕉气味，花开不全，有如含笑之美人。千真万确，的确是含笑花。喜不自胜。

文人骚客也偏爱含笑花，留下了名篇佳句。

清孙枝蔚《思归》诗："出门欲化杜鹃鸟，抵舍仍为含笑花。"

《明珠缘》第三回："含笑花堪画堪描，美人蕉可题可咏。"

宋代诗人邓润甫诗句"自有嫣然态，风前欲笑人。涓涓朝露泣，盎盎夜生春。"形容含笑花具有妩媚动人的嫣然美态，既有含笑本身娇羞婀娜的"笑"，又有人对含笑赞赏的笑意，非常有情。即使含笑"泣泪"时也楚楚动人，它清晨含苞泣露，入夜盎然芬芳。

施宜生的《含笑花》："百步清香透玉肌，满堂皓齿转明眉。搴帷跛客相迎处，射雉春风得意时。"

宋李纲有一篇《含笑花赋》："南方花木之美者，莫若含笑。绿叶素容，其香郁然。是花也，方蒙恩而入幸，价重一时。花生叶腋，花瓣六枚，肉质边缘有红晕或紫晕，有香蕉气味。花常若菡萏之未放者即不全开而又下垂。凭雕栏而凝采，度芝阁而飘香；破颜一笑，掩乎群芳……"

李纲的这一篇《含笑花赋》，是为了当时含笑移植到杭州，作为宫庭玩赏而写的。这篇赋留下含笑北移的史迹，也反映了宋高宗赵构贪图享受、生活腐化的一个侧面。

南宋诗人杨万里诗句"秋来二笑再芬芳，紫笑何如白笑强。只有此花偷不得，无人知处自然香。"

宋陈善有诗云：南中花木有北地所无者，茉莉花、含笑花、阇提花、鹰爪花之类……含笑有大小。小含笑有四时花，然惟夏中最盛。又有紫含笑，香尤酷烈。

原来还有紫笑，还未曾一睹花容，坚信有一天定能相见。有缘终能相遇，与人如此，与花也是。

49. 红景天

一、简介

红景天，多年生草本，高10厘米~20厘米。根粗壮，圆锥形，肉质，褐黄色，根颈部具多数须根。根茎短，粗状，圆柱形，被多数覆瓦状排列的鳞片状的叶。从茎顶端之叶腋抽出数条花茎，花茎上下部均有肉质叶，叶片椭圆形，边缘具锯齿，先端尖锐，基部楔形，几无柄。聚伞花序顶生，花红色。

红景天花语

抉择。

红景天箴言

方法可以检验哪种抉择是好的。因为不存在任何比较。一切都是马上经历,仅此一次,不能准备,好像一个演员没有排练就上了舞台。如果生命的初次排练就已经是生命本身,那么生命到底会有什么价值?正因为这样,生命才总是像一张草图。但"草图"这个词还不确切,因为一张草图是某件事物的雏形,比如一幅画的草稿,而我们生命的草图却不是任何东西的草稿,它是一张成不了画的草图。——米兰·昆德拉《不能承受的生命之轻》

四、生长环境

大多分布在北半球的高寒地带,大多数都生长在海拔3500~5000米左右的高山流石或灌木器丛林下。我国有73种,其中西藏占有32种,2个变种,但至今仍未有很好的开发利用。红景天主要以根和根茎入药,全株也可入药。传统效用为抗压。

五、神奇药用

我国古代第一部医学典籍《神农本草经》,将红景天列为药中上品，服高山红景天用红景天轻身益气，不老延年，无毒多服，久服不伤人。能补肾，理气养血，主治周身乏力、胸闷等；还具有活血止血、清肺止咳、解热，并止带下的功效。

藏《四部医典》也有关于红景天的记载，言其"性平、味涩、善润肺、能补肾、理气养血。

主治周身乏力、胸闷、恶心、体虚等症。《晶珠本草》言"红景天活血清肺、止咳退烧、止痛，用于治疗肺炎、气管炎、身体虚弱、全身乏力、胸闷、难于透气、嘴唇和手心发紫"。

六、清新美味

（一）红景天乌鸡姜汤

调料：乌鸡，20g 红景天，适量玖顺姜汁，适量盐，适量白胡椒粉，大葱，乌鸡一只宰杀清洗干净备用。姜汁备用。

红景天清洗浮尘，用刀切片。大葱切长段备用。

将乌鸡斩合适的块，备用。

做法：取煲汤的锅，将剁好的鸡块和红景天放入锅内，加入适量清水。将葱段放入锅内，同时加入适量玖顺姜汁。大火将汤煮开后，转小火煲。煲汤过程中，要小心锅盖，这款玻璃锅需要错开锅盖，才不会溢锅。

大约两个小时，汤煲好后，加入少许食盐和胡椒粉调味即可食用。

小贴士

红景天适合与各种禽肉类食材一起煲汤，所以，也不必拘泥于一种食材，可以变换食材饮用，除煲汤外，红景天还适合切片泡茶饮用，但泡茶的时候，却不适合与其它茶类一起饮用，这个需要注意。

红景天也不适合孕妇和儿童食用。乌鸡虽是补益佳品，但多食能生痰助火，生热动风，故体肥及邪气亢盛，邪毒未清和患严重皮肤疾病者宜少食或忌食，患严重外感疾患时也不宜食用，同时还应忌辛辣油腻及烟酒等。

（二）红景天茶

功效：大花红景天具有养肺、清热、滋补元气、强身健体的功效；抗缺氧、抗疲劳、抗心肌缺血；清热解毒，治咽喉痛，肺痛，理气，治咽喉痛，肺痛；有补肾、养心、安神、调经活血、明目之效用。

用法：单开水泡饮，同茶一样，或煎水，效果更好，不适宜搭配其它茶。每次大约20g左右就行，多一些影响不大。

七、古韵

景天

一抹桃红一景天，
真情郁郁竟无边。
小盘无碍身姿展，
寒九尤闻颜色妍。
笑傲群芳梅执手，
娇柔几朵室添贤。
更喜佳人相倚仗，

清风习习理嫣然。

八、美好传说

相传清朝康熙年间，我国西部边陲地区少数分裂分子举兵叛乱，康熙大帝御驾亲征。岂料将士西出阳关，刚抵达西北高原，一下子很难适应高山的缺氧环境，不少人便出现了心慌气短、恶心呕吐、茶饭不思等现象，战斗力也因此大大减弱。

康熙正一筹莫展时，恰好当地藏胞献来红景天药酒，士兵及时服用后，高原反应竟神奇般地消失了。

于是士气大振，一鼓作气把叛乱分子打得溃不成军。康熙大喜过望，将红景天称为"仙赐草"，并把它钦定为御用贡品。

九、气质美文

高原之花红景天

你不会有那美丽的相逢，除非之前，你能忍受等待的孤独。

你不会有那明朗的清晨，除非之前，你的睡梦能忍受黑夜的迷雾。

你也不会赢得任何东西，除非你敢于投下赌注。

赌注，生命的赌注，就是你的脚步。

但是，你不会找到路，除非你敢于迷路。

因为，只有让你迷路的地方，才是你真正的出路。

让温气升腾，但朋友，别忘记了，除了炉火，还有那寒风赐予了这壶茶以温度。

我相信,最温暖来自寒冷。

我相信,最温暖,其实是对寒冷的一种谅解。

高原上生长着各种各样的耐寒的小花小草,一片旷野,一点清丽,还有一丝南方想象不到的清凉和纯净。微风徐徐,遍野的小花摇曳身姿,阵阵花香铺满洁净的空气。

油绿的夏季,是青海最为美丽的季节,从远处的山到近处的草,一片生机盎然。

期间生长着很多叫不上名的小花,被藏族乡亲视为象征着爱与吉祥的圣洁之花。它喜爱高原的阳光,也耐得住雪域的风寒。

它美丽而不娇艳,柔弱但不失挺拔,花大新奇,花色绚丽,鲜艳夺目。蝴蝶常常会亲昵的在兰花的花蕊上稍事停留;蜜蜂会用自己的触角和针管去淘深邃的精华。

高原花开,幸福格桑。

远远地绿草中间,你总能依稀看到游牧民白顶的帐篷,顺帐篷的方向,会寻到慈祥阿妈那褶皱了的,被太阳的紫光烧焦了的脸庞,身后背一个诺大的木桶,弯着因长期背水而佝偻的腰身。慢慢移动宽大的藏袍下你看不到的那双脚,经久历练在岁月的雕琢中。

她的脚下有她的希望,她的脚下有她的梦想,她的脚能几十年不变的走过草原的角角落落,她的背承载几十年如一日的生活。微笑着褶皱里那静溢的幸福!

高原的油绿和花开,昭示着希望,清灵的翩然落脚在山峰,落脚在草原。和着花香的清馨和草原特有的顽强朝气,成就梦想,成就着生命的艳丽,萦绕梦放飞的高原。